WALTER BURLEY

QUAESTIONES SUPER LIBRUM POSTERIORUM

edited by
Mary Catherine Sommers

This volume contains an edition of Walter Burley's twelve *Questions on the Posterior Analytics* from two fourteenth-century Latin manuscripts, along with an introduction to the author and his work, and an extensive index. The twelve questions, probably connected to Burley's teaching of the logic of Aristotle as part of the arts curriculum, are organized around major themes of Aristotelian scientific method.

The first three questions deal with Aristotle's presuppositions: that logic is a science in its own right; the existence of demonstration; and the possibility of discursive knowledge. The next three questions concern the scope of scientific knowledge: does it extend to all possible conclusions or only those that are naturally knowable; does it extend to subalternated sciences; does it extend to knowledge of all causes.

Question 7 discusses the problem of predication in Aristotle and the various distinctions in this topic. Questions 8 to 10 cover four particular questions pertaining to demonstration as discussed by Aristotle ("that is," "the reason why," "if something is" and "what something is"). The last two questions address problems relating to the middle term in a demonstration.

The influence of Walter Burley on his contemporaries and on philosophical thought well into the sixteenth century was considerable and there is abundant contemporary interest in his ideas, particularly his logic and natural philosophy. Once thought of as an unworthy opponent of Ockham, closer study of his work has revealed that he was one of the most significant thinkers of the Middle Ages.

STUDIES AND TEXTS 136

Walter Burley
Quaestiones super librum Posteriorum

edited by
Mary Catherine Sommers

Pontifical Institute of Mediaeval Studies

ACKNOWLEDGMENT

The publication of this book has been made possible by a grant from the Faculty Development Committee of the University of Saint Thomas.

CANADIAN CATALOGUING IN PUBLICATION DATA

Burlaeus, Gualterus, 1275-1345?
   Quaestiones super librum Posteriorum

(Studies and texts, ISSN 0082-5328 ; 136)
Text in Latin with introduction in English.
Includes bibliographic references and index.
ISBN 0-88844-136-3

1. Aristotle. Posterior analytics.   2. Logic - Early works to 1800. 3. Knowledge, Theory of - Early works to 1800.   4. Definition (Logic) - Early works to 1800.   5. Science - Methodology - Early works to 1800. I. Sommers, Mary C. (Mary Catherine), 1949- .   II. Pontifical Institute of Mediaeval Studies.   III. Title.   IV. Series: Studies and texts (Pontifical Institute of Mediaeval Studies) ; 136.

B441.B97 2000   160   C00-932247-7

© 2000 by

Pontifical Institute of Mediaeval Studies
59 Queen's Park Crescent East
Toronto, Ontario, Canada M5S 2C4

Printed in Canada.

Contents

Abbreviations — vii

Introduction — 1
   A. Walter Burley 1
   B. The *Quaestiones super librum Posteriorum* 6
   C. Spelling 16
   D. The Questions as a Commentary 17

QUAESTIONES SUPER LIBRUM POSTERIORUM
DATAE A DOMINO WALTERO DE BURLEY

⟨Quaestiones⟩ — 41
⟨Quaestio I⟩ — 43
⟨Quaestio II⟩ — 49
⟨Quaestio III⟩ — 64
⟨Quaestio IV⟩ — 78
⟨Quaestio V⟩ — 83
⟨Quaestio VI⟩ — 93
⟨Quaestio VII⟩ — 97
⟨Quaestio VIII⟩ — 128
⟨Quaestio IX⟩ — 138
⟨Quaestio X⟩ — 142
⟨Quaestio XI⟩ — 151
⟨Quaestio XII⟩ — 164

Bibliography — 169
   A. Primary Sources: Ancient Authors 169
   B. Primary Sources: Medieval Authors 170
   C. Secondary Sources: Walter Burley 171
   D. Secondary Sources: Other 173

Index — 177
Index Fontium — 213

Abbreviations

C	Cambridge, Gonville and Caius College MS 668*/645
G	Cambridge, Gonville and Caius MS 512/543
add.	addit (etc.)
corr.	correxit (etc.)
emend.	emendavi (etc.)
eras.	erasit (etc.)
exp.	expungit (etc.)
in marg.	in margine
illeg.	illegibilis (etc.)
inser.	inseruit (etc.)
iter.	iteravit (etc.)
om.	omisit (etc.)
tr.	transposuit (etc.)

Aegidius, *In lib. Post.*
> Giles of Rome. *In libros Posteriorum*. Gonville and Caius College, Cambridge Ms 313/711. ff. 1- 777.

AL
> Aristotle. *Analytica Posteriora. Translationes Iacobi, Anonymi sive 'Ioannis', Gerardi et Recensio Guillemi de Moerbeka*. In *Aristoteles Latinus*, IV, 1-4, 2 & 3 editio altera, eds. L. Minio-Paluello and B.G. Dod. Bruges-Paris: Desclée de Brouwer, 1968.

Albertus Magnus, *De praedicab.*
> Albert the Great. *De praedicabilibus*. In *Alberti Magni Opera Omnia*, I, ed. A. Borgnet. Paris: Vivès, 1890.

Algazel, *Met.*
> *Algazel's Metaphysics: A Mediaeval Translation*. Ed. J. T. Muckle, CSB. Toronto: St. Michael's College, 1933.

APo
> Aristotle. *Posterior Analytics*. Ed. W.D. Ross. 1949; rpt. with corr. Oxford: Clarendon, 1965.

APr
: Aristotle. *Prior Analytics*. Ed. W.D. Ross. 1949; rpt. with corr. Oxford: Clarendon, 1965.

Aquinas, *Exp. Lib. Post.*
: Thomas Aquinas. *Expositio Libri Posteriorum*. In *Opera Omnia*, ed. Commissio Leonina, Tomus I.2. Paris: Librairie Philosophique J. Vrin, 1989.

Aquinas, *In lib. Met.*
: Thomas Aquinas. *In XII Libros Metaphysicorum Aristotelis Expositio*. Eds. M.R. Cathala and R.M. Spiazzi. Taurini/Rome: Marietti, 1964.

Aquinas, *ST*
: Thomas Aquinas. *Summa Theologiae*. Ed. Commissio Piana. 5 vols. Ottawa, 1953.

Averroes, *De anima*
: Averroes. *Commentarium Magnum in Aristotelis De Anima Libros*. In *Corpus Commentariorum Averrois in Aristotelem Versionum Latinarum*, VI.1, ed. F. Stuart Crawford. Cambridge, Mass., 1953.

Averroes, *In lib. Met.*
: Averroes. *Aristotelis Metaphysicorum Libri XIIII cum Averrois Commentariis*. VIII. 1562; rpt. Frankfurt am Main: Minerva G.m.b.H., 1962.

Averroes, *In lib. Post.*
: Averroes. *In libros Posteriorum. Aristotelis Opera Cum Averrois Commentariis*. I. 1562; rpt. Frankfurt/Main: Minerva G.m.b.H., 1962.

Avicenna, *Logica*
: Avicenna. *Logica*. In *Opera Philosophica*. 1508; rpt. Louvain: Édition de la bibliothèque S.J., 1961.

Avicenna, *Met.*
: Avicenna. *Liber de Philosophia Prima*. In *Avicenna Latinus*, ed. S. Van Riet. Louvain: E. Peeters/Leiden: E.J. Brill, 1977 (I-IV) and 1980 (V-X).

Boethius, *Arithmetica*
: Boethius. *Arithmetica*. In *Patrologiae cursus completus, Series Latina* v. 63, ed. J.P. Migne. Paris, 1882.

Bonaventure, *De scientia Christi*
: Bonaventure. *De scientia Christi*. In *S. Bonaventurae Opera Omnia*, V, ed. pp. Collegia S. Bonaventura. Florence: ad Claras Aquas, 1891.

Cael.
: Aristotle. *De caelo.* In *Aristotelis Opera*, I, ed. Academia Regina Borussica ex recensione I. Bekkeri. 1831; rpt. Berlin: W. De Gruyter, 1960.

Campsall, *Super Prior. Anal.*
: Richard of Campsall. *The Works of Richard Campsall, Volume I: Questiones Super Librum Priorum Analeticorum, MS Gonville and Caius 668.* Ed. Edward A. Synan. Toronto: Pontifical Institute of Mediaeval Studies, 1968.

Cat.
: Aristotle. *Aristotle Categoriae et Liber de Interpretatione.* Ed. L. Minio-Paluello. 1949; rpt. with corr. Oxford: Oxford Univ. Press, 1956.

Cicero, *Academica*
: Cicero, Marcus Tullius. *Academica.* Loeb Classical Library. Cambridge, Mass., 1922.

de An.
: Aristotle. *De anima.* In *Aristotelis Opera*, I, ed. Academia Regina Borussica, Ex recensione I. Bekkeri. 1831; rpt. Berlin: W. De Gruyter, 1960.

EN
: Aristotle. *Ethica Nicomachea.* Ed. I. Bywater. 1894; rpt. Oxford: Clarendon, 1970.

Grosseteste, *Commentarius In Post. Anal.*
: Robert Grosseteste. *Commentarius In Posteriorum Analyticorum Libros.* Ed. Pietro Rossi. Florence: Leo S. Olschki, 1981.

Henry of Ghent, *Summa*
: Henry of Ghent. *Summa Quaestionum Ordinariorum.* 2 vols. 1520; rpt. St. Bonaventure, N.Y.: Franciscan Institute, 1953.

Int.
: Aristotle. *Aristotle Categoriae et Liber de Interpretatione.* Ed. L. Minio-Paluello. 1949; rpt. with corr. Oxford: Oxford Univ. Press, 1956.

Metaph.
: Aristotle. *Metaphysics.* Ed. W. D. Ross. 2 vols. 1924; rpt. with corr. Oxford: Clarendon, 1958.

Ph.
: Aristotle. *Physics.* Ed. W. D. Ross. 1936; rpt. with corr. Oxford: Clarendon, 1960.

Plato, *Meno*
> Plato. *Meno*. In *Platonis Opera*, III, ed. J. Burnet. 1903; rpt. Oxford: Clarendon, 1965.

Plato, *Theaetetus*
> Plato. *Theaetetus*. In *Platonis Opera*, I, ed. J. Burnet. 1900; rpt. Oxford: Clarendon, 1967.

Ps.-Scotus, *Super Lib. Post.*
> Pseudo-Scotus. *Quaestiones in Libros Posteriorum Analyticorum Aristotelis*. In *Opera Omnia Ioannis Duns Scoti*, II, ed. L. Wadding. Paris: Vivès, 1891.

Scotus, *Lectura*
> John Duns Scotus. *Lectura In Librum Primum Sententiarum*. In *Ioannis Duns Scoti, Opera Omnia*, XVI, ed. C. Balić. Vatican City, 1960.

Scotus, *Ordinatio*
> John Duns Scotus. *Ordinatio: Prologus*. In *Ioannis Duns Scoti, Opera Omnia*, I, ed. C. Balić. Vatican City, 1950.

Scotus, *Super Porphyrii*
> John Duns Scotus. *Super Universalia Porphyrii*. In *Opera Omnia Ioannis Duns Scoti*, I, ed. L. Wadding. Paris: Vivès, 1891.

Themistius, *In Anal. Post.*
> Themistius. *Analyticorum Posteriorum Paraphrasis*. In *Commentaria in Aristotelem Graeca*, V. ed. M. Wallies. Academiae Litterarum Regiae Borussicae. Berlin: Reimer, 1900.

Top.
> Aristotle. *Topica*. In *Aristotelis Opera*, I, ed. Academia Regia Borussica, ex recensione I. Bekkeri. 1831; rpt. Berlin: W. De Gruyter, 1960.

Introduction

A. Walter Burley

Walter Burley[1] was born either in the year Thomas Aquinas died, 1274, or the year after. He is known to have been alive in June 1344, but the date and place of his death are unknown. A manuscript, which describes him as "Master Walter Burley, Englishman, best of logicians, renowned natural philosopher and subtle theologian," also gives us the locations of the two parts of his strictly academic career: "for many years he was regent in arts at the University of Oxford and finally at Paris in the faculty of theology."[2] Two later phases of his scholarly, if non-academic, career can be distinguished: his connection with Richard de Bury and the English crown, and his years spent mainly abroad in Southern France and Italy.

a. Oxford (c. 1296-1309)

Burley came to Oxford in the last decade of the thirteenth century. His regency in arts had begun by 1301 and probably continued until he left for Paris to study theology, no later than 1310.[3] From 1305 Burley is known

---

[1] For Burley's life and works, see A. B. Emden, *Biographical Register of the University of Oxford to AD 1500* (Oxford, 1957) I, 312-14; C. Martin, "Walter Burley," *Oxford Studies Presented to Daniel Callus*, ed. William A. Hinnebush et al. (Oxford: Clarendon Press, 1964) 194-230; C. H. Lohr, "Medieval Latin Aristotle Commentaries: Authors G-I," *Traditio* 26 (1968) 171-87; J. A. Weisheipl, "Ockham and some Mertonians," *Mediaeval Studies* 30 (1968) 174-88; idem, "Repertorium Mertonense," *Mediaeval Studies* 31 (1969) 185-208; Agustín Uña Juárez, *La filosofía del siglo XIV: contexto cultural de Walter Burley* (Madrid: Biblioteca "La Ciudad de Dios," 1978) 1-99. His birthdate is established from a colophon at the end of his commentary on the *Ars Vetus* in Vat. lat. 2146: "Completa est haec expositio quinta die mensis Augusti anno dni 1337 et anno exponentis 62."

[2] Lambeth Palace MS 70, f. 109vb: "mag. Walteri Burley Anglici, optimi logici, famosi naturalis philosophi et subtilis theologi, utpote qui in universitate Oxon. quammultis annis rexit in artibus et tandem Parisius in theologica facultate."

[3] Burley is styled *magister* in a copy of his *Quaestiones* on the *Perihermenias* dated 1301 in Gonville and Caius MS 668* f. 60. He is known to have been in Paris in 1310, where he received money from Archbishop Greenfield to pay for a feast con-

to have been attached as Fellow to Merton College, "the first of the remarkably numerous group of brilliant thinkers whom Merton produced between 1300 and 1360."[4] Merton was founded in 1274 as a lodging for scholars of the arts or philosophy, who were expected to continue on to higher studies in theology or canon law after their necessary regency in arts, which was three years. Fellows were elected while bachelors in arts for a probationary term of one year. Burley therefore would have to have been elected no later than the 1300-1301 academic year, which would place the beginning of his studies at Oxford in 1296.[5]

There are two venerable traditions about Walter Burley's education: that he was a student of Scotus and a classmate of Ockham.[6] It is clear from Burley's own words, that he heard John Duns Scotus ("a certain very subtle doctor")[7] lecture on the *Sentences* at Oxford, probably in the academic year 1298-99. Further, if Burley followed the pattern for Merton fellows and began to study theology at Oxford, he and William of Ockham, whose studies began c.1307-08, could have been fellow students.

b. *Paris (c.1309-1327)*

If Burley had begun to study theology at Oxford, his studies at Paris need not have consumed the statutory sixteen years.[8] A plausible chronology would be that from 1309-1314 Burley was an **auditor** of lectures on the scriptures and the *Sentences* of Peter Lombard; from 1314-1317 a **biblicus**

---

nected with his nephew's inception as Master of Arts. (*Register of William Greenfield, Lord Archbishop of York, 1306-1315*, ed. W. Brown and A.H. Thompson, iv, in *Surtees Society*, CLII (1937), 335-336.) For the debate over the dates of Burley's regency in arts, see Uña Juárez, 15-16.

[4] Merton College Record 3634; C. Martin, 203.

[5] Weisheipl, "Ockham," 163-4.

[6] T.A. Archer, "Burley," *Dictionary of National Biography*, v. III (London 1937-38), 374-6: "He studied at Merton College, Oxford, whence he removed to Paris, where he had William of Ockam for a fellow-student and Duns Scotus for a teacher."

[7] *Expositio librorum physicorum* (Venice, 1524) VII, f. 198ra: "est notanda una expositio secundae conclusionis quam audivi in iuventute mea a quodam subtilissmo doctore valde convenientem textui quam semper postea tenui."

[8] The steps of the **cursus** of the candidate for the doctorate in theology are reconstructed by C. Martin, 207 from *Chartularium Universitatis Parisiensis*, ed. H. Denifle OP, and A. Chatelain (Paris, 1899) II.i, no. 822 (for the year 1323), pp. 271-2; no. 992 (for 1335), p. 450; no. 1002 (for 1336), p. 464; no. 1093 (for 1344), pp. 551-2; no. 1188 (after 1335), pp. 692-4; nn. 10 and 38, p. 704.

or lecturer on the scriptures; and from 1317-18 a **sententiarius**. Burley's lectures on the *Sentences* have never been identified, so with the exception of his account, recorded in his *De formis accidentalibus*, of the controversy with his master Thomas Wilton on accidental form which arose out of his **principium** on the fourth book, there is no record of his theological teaching.[9] Perhaps in the same year that Walter Burley was lecturing on the *Sentences* at Paris, William of Ockham was doing the same at Oxford. Soon after began Burley's intellectual engagement with the **Venerabilis Inceptor**, each reading the other, sometimes using, but more often rejecting his opponent's views on important issues in logic and natural philosophy. Burley is referred to as a "Doctor of Sacred Theology" in 1324.[10] His subsequent teaching career was of short duration, since he left Paris late in 1326 or early in 1327, a move which coincided with the defeat and deposition of Edward II by the party of Queen Isabella.

c. England (1327-1341)

Soon afterward, Burley was part of a diplomatic mission sent by the new king, Edward III, to Pope John XXII at Avignon[11] to pursue the cause of the canonization of Thomas of Lancaster, who had been executed after the barons' defeat by Edward II at the Battle of Boroughbridge in 1322. He repeated this assignment in 1330, this time with the rank of king's clerk.[12] These were men in the royal service, usually of humble beginnings, who were most often trained in civil and canon law, frequently acting as the king's agents on diplomatic missions.

Burley's academic career came to an abrupt halt when he left Paris in 1327, nor does it seem that he had any significant scholarly projects in hand during the next seven years (1327-1334). However, sometime after Richard de Bury was enthroned as Bishop at Durham in 1334, Walter Burley became a member of the **familia** (household) of this churchman

---

[9] See. L. M. De Rijk, "Burley's So-called **Tractatus Primus**," *Vivarium* 24 (1996) 161-191.

[10] Universitätsbibliothek, Basel MS F.II.30, f. 3ra: "Scriptum magistri Galteri de Burley doctoris sacre theologie super librum phisicorum Aristotelis editum parisius anno domini M°CCC°xxiiii°." See S. H. Thompson, "Unnoticed **Questiones** of Walter Burley on the Physics," *Mitteilungen des Instituts für österreichische Geschichtsforschung* 62 (1954) 391.

[11] Thomas Rymer, *Foedera, Conventiones, Etc.* (London, 1816-30) II.ii 695.

[12] Ibid., 782.

who "took great delight in the company of clerics."[13] He became the patron of "seven years of plenty" (1334-1340) in Burley's renewed career as a scholar, which saw the completion of four great expositions on the *Ars Vetus*, and on the *Physics, Ethics* and *Politics* of Aristotle. In the commentaries on the *Physics* and *Ars Vetus* are found Burley's references to the **moderni**, those thinkers encountered first during his Paris years, who threaten the purity of the font of all philosophy: Aristotle.

Bury's household at Durham included other doctors of theology besides Burley: Thomas Bradwardine (later archbishop of Canterbury), John Maudit, Richard Fitzralph (later bishop of Armagh), Richard de Kilvington and the Dominican Robert Holcot; civil servants Richard Bentworth (later bishop of London), and Walter Segrave (later bishop of Chichester), and probably the canonist John Acton. This roll certainly gives support to Burley's description of Bury as one who so loved scholarship that he directed his clerics, doctors in every faculty, "to work at those studies which they knew best and to put into writing the best and most useful of their thoughts."[14] He presumably remained in the bishop's household until going abroad in 1341. During this time he was infrequently employed in his capacity as king's clerk.[15]

d. *Southern France and Italy (c.1341-1344)*

Upon completion of the four expositions of Aristotle (c.1340), Walter Burley shows a desire to disengage from the rigors and antagonisms of scholarly life, not surprising for a man now in his mid sixties.[16] It is not fanciful to see Burley's last years in Italy and at the papal court in Avignon as a kind of retirement. Retirement, if such it was, did not mean inactivity. In 1341 Burley engaged in a **disputatio de quolibet** in the Arts Faculty at Bologna, an event which has been connected with his supposed Averro-

---

[13] *Historiae Dunelmensis Scriptores Tres*, ed. J. Raine, *Surtees Society*, IX (1839) 128: "Multum [enim] delectabatur de [comitativa] clericorum; et plures semper clericos habuit in sua familia...." For Burley's relationship with Richard de Bury, see C. Martin, 218-26.

[14] "...qui propter hoc singulis magistris et doctoribus cuiuscumque facultatis clericis suis precipit quod studeant in hiis qui melius noverunt, meliora et utiliora que conceperint in scripta redigant..."; from the dedicatory letter to Burley's final commentary on the *Physics*, All Souls MS 86, f. 1r.

[15] C. Martin, 224-5.

[16] See C. Martin, 226-7.

ism, a charge which has been sufficiently discredited.[17]

The last mention of Walter Burley is in the register of the Bishop of Salisbury, when he obtained the rectory of Great Chart, Kent, on 19 June 1344.[18] Whether he returned to England to spend his last days in Kent or died abroad is not known.

As a philosopher, Walter Burley was prolific and versatile. He commented on the works of Aristotle in every philosophical area: logic, ethics, natural science, and metaphysics. He wrote numerous independent works on a variety of philosophical topics. The catalogue of his authentic works given by Uña Juárez includes 51 entries, not all of which are single compositions.[19] For example, both of Burley's works on the *Posterior Analytics*, an *Expositio* and the set of *Quaestiones* here edited, as well as an epitome of the same work which cannot be certainly attributed to him, constitute one entry.

The influence of Walter Burley on his contemporaries and on philosophical thought into the sixteenth century was considerable. It can be documented in the areas of logic, natural philosophy, moral philosophy, in specific doctrines, in the presence of glosses from his commentaries on the *Ethics*, *Politics* and *Physics* linked with those of Averroes, Aquinas, Giles of Rome, etc. in many of the surviving mansucripts of these Aristotelian works and in the sheer number of extant mansucripts and editions of his own works. There is abundant contemporary interest in his thought, particularly his logic and natural philosophy, and the initial assessment of him as an unworthy opponent of Ockam has not survived the closer study of his work, which has revealed its originality and depth.[20]

---

[17] See Anneliese Maier, "Ein unbeachteter 'Averroist' des XIV Jahrhunderts: Walter Burley," *Medioevo e Rinascimento. Studi in onore di Bruno Nardi* I (Florence, 1955) 498-99. For refutation of Burley's supposed 'Averroism', see Uña Juárez, 308-22 and M. J. Kitchel, "Walter Burley's Doctrine of the Soul: Another View," *Mediaeval Studies* 39 (1977) 387-401.

[18] *The Register of Robert Wyvil, bishop of Salisbury 1330-75* (Salisbury Diocesan Record Office), ii, ff. 139v-140r.

[19] Uña Juárez, 46-99.

[20] For a survey of the critical opinion of Burley from his contemporaries to the present, see Uña Juárez, 100-115; see also Alessandro Conti, "Ontology in Walter Burley's Last Commentary on the **Ars Vetus**," *Franciscan Studies* v. 50, a. 28 (1990) 121: "in terms of originality and influence the *Doctor planus et perspicuus* was one of the most significant thinkers of the Middle Ages."

B. The *Quaestiones super librum Posteriorum*

a. Authenticity and Dating

The *Quaestiones super librum Posteriorum* belong to "the early period of Burley's career as a logician."[21] A group of works written, according to Jan Pinborg, "just around 1300" includes this and one other commentary on works of the Organon, and six treatises on logical topics "which comprise an almost complete course of logic."[22] The Questions on the *Posterior Analytics* are included in the catalogues of Burley's writings by Weisheipl,[23] Lohr[24] and Uña Juárez[25] as an authentic work.

The authenticity of the twelve *Quaestiones* is based primarily on the attribution to "domino Waltero de Burley" in both the *incipit* and *explicit* of Cambridge, Gonville and Caius 668*/645 (ff. 119v, 133v). If it is assumed that the title "dominus" was reserved for those graduates who had not yet incepted as masters, namely the bachelors, a fairly accurate dating of this work could be achieved. It is known that Burley was a master by 1301. If one assumes that he incepted as a master in 1301, at the end of his seventh year of study, he could have received his "license to determine and lecture during his fifth year of study," i.e., 1298-1299.[26] The date of composition for the *Quaestiones* could then be placed between 1298 and 1301, while Burley was still a *baccalaureus artium*. If Burley incepted prior to 1301 or took longer than the usual seven years to be presented for inception, the date of composition would have to be placed earlier. It does not seem likely that the date of inception can be set back more than a year or that Burley was slower than the average scholar.[27] The date of composition could, on the strength of the original hypothesis, be placed between 1297 and 1301.

---

[21] Jan Pinborg, "Walter Burley on Exclusives," *English Logic and Semantics*, Acts of the 4th European Symposium on Medieval Logic and Semantics, Leiden-Nijmegen, 23-27 June, 1979 (Nijmegen: Ingenium, 1981) 305-29.

[22] Ibid. This group includes, besides the Questions on the *Posterior Analytics*, Questions on the *Perihermenias*, and treatises *De consequentiis*, *De exclusivis*, *De exceptivis*, *De suppositionibus*, *De obligationibus*, and *De insolubilibus*.

[23] "Repertorium Mertonense," 190, item 9c.

[24] "Medieval Latin Aristotle," 178.

[25] *La filosofía*, 58.

[26] J. A. Weisheipl, "Curriculum of the Faculty of Arts at Oxford," *Mediaeval Studies* 26 (1964) 160.

[27] C. Martin, 202.

But can it be assumed that a scholar, upon incepting as a master of arts at Oxford took the title of "magister" exclusively and was no longer referred to by the old title of "dominus"? The *Quaestiones in Librum Perihermenias* are attributed to "Magistro Waltero de Burley" (f. 60r) in G&C 668*/645. However, G&C 512/543 attributes the same questions to "Dominus Walterus Burley." In 668*/645, besides the attribution of the *Quaestiones super librum Posteriorum* to "domino Waltero de Burley" there is the similar attribution to him of the questions on the third book of *De anima* (no. 13), and of the Questions on the *Prior Analytics* (no. 8) to Richard Campsall, all as "dominus." Are these the kind of works we could expect to issue from a Bachelor of Arts at Oxford in the fourteenth century?

Bachelors at Oxford were expected to do three things: (1) lecture *cursorie*, (2) determine in the Lenten disputations and (3) expound some book of Aristotle's.

(1) "The statute of 1340 [*Statuta antiqua* 32] decreed that inceptors must swear that they had given cursory lectures on at least two books of logic...and one book of natural philosophy."[28] Lectures given on both parts of the *Analytics* and on the *De anima*, therefore, could help fulfill this requirement for inception. But if, as James Weisheipl suggests, "a cursory lecture was nothing more than an unpretentious reading and paraphrase of the official text,"[29] the aforementioned works of Burley and Campsall cannot be put in this category of academic productions. J. M. Fletcher adds that "we should not expect them [*cursorie* lectures] to be carefully recorded since they presumably contained no well developed arguments nor original thought."[30] One may conclude, then, that either *lectiones cursoriae* were more sophisticated than has been imagined, or that these three works do not accord satisfactorily with what we know of that function of an Oxford *baccalaureus*.

(2) Bachelors were also expected to determine in daily public disputations during Lent, prior to their inception as masters of arts, primarily in logic.[31] But there is nothing in the statutes to suggest that the questions to be determined would arise from some required text, like the *Posterior Analytics*. According to Weisheipl, "we can presume that the thesis for an afternoon's disputation was, if not suggested by the master, at least ap-

---

[28] J. M. Fletcher, "The Faculty of Arts," in *The History of the University of Oxford*: v.1 *The Early Oxford Schools*, ed. J.I. Catto (Oxford: Clarendon Press, 1984) 387.
[29] Weisheipl, "Curriculum," 151.
[30] Fletcher, 386.
[31] Ibid., 382-3.

proved by him beforehand."³² Nor does it seem likely that these exercises would result in a written work by the bachelor, given both the heavy pace and the ritual celebrations connected with this exercise.³³

(3) Finally, a statute, which Fletcher says is "probably of the early fourteeth century at the latest, speaks of the bachelor being required to expound properly in the schools some book of Aristotle, 'that is, the text and questions arising from it'."³⁴ This quasi-magisterial exercise, carried on by a scholar on the verge of inception, might produce a work of the sort we are concerned with here. If this is the genesis of Walter Burley's *Quaestiones* on the *Posterior Analytics*, then the date of composition would be placed at 1300-01, near the time of his inception.

While it is possible that Burley's *Quaestiones* were composed while he was still a Bachelor of Arts, as the ascription *dominus* might seem to indicate, the nature of the work is more suggestive of the ordinary magisterial lecture. Further, the dual ascription of the *Perihermenias* Commentary to Burley as "Magister" in 668*/645 and as "Dominus" in 513/545, may indicate that "Dominus" was not used with great precision.³⁵ It is not certain, then, that the *terminus ad quem* for the composition of the *Posterior Analytics* commentary can be placed at 1301, when Burley incepted as master of arts. It is possible as well that they were composed at some time during his long regency.³⁶ To complicate matters further, the date of Burley's depar-

---

³² Weisheipl, "Curriculum," 158.

³³ Fletcher, 382-3.

³⁴ Ibid., 389.

³⁵ See E. A. Synan, *The Works of Richard of Campsall* I: *Questiones Super Librum Priorum Analeticorum* (Toronto: Pontifical Institute of Mediaeval Studies, 1968) 14-15. Prof. Synan has suggested to me that perhaps Burley was a bachelor in theology at this time, as well as a master of arts, as was Richard of Campsall (in 1317), a contemporary of Burley's at Merton. This appears not to have been in breach of University statutes after the "necessary regency" in arts (see Fletcher, 391). However, at Merton that period was three years, not the usual one year (see C. Martin, 202-3). If Burley was pursuing a degree in theology concomitantly with his regency in arts, both Weisheipl's argument for a late date for Burley's departure for Paris based on his "long regency" (see "Ockham," 175, n. 57) and Martin's concern for the number of years it would have taken Burley to complete his theology degree (see C. Martin, 203) could be reconciled.

³⁶ C. Martin, 202; Weisheipl, "Ockham," 175. Uña Juárez (p. 48) expresses reservations about the tendency of some authors to use this early period as a chronological dumping ground for works of Burley, based on the description of him as one, who "quam multis annis rexit in artibus" (Lambeth Palace MS 70, f. 109vb).

ture from Oxford and his duties as regent master is debatable.[37] We must fall back, then, on the year in which the collections represented by G&C 668*/645 and 512/543, the two MSS which contain the work, were assembled. E. A. Synan has argued convincingly for a date no later than 1306 or 1307 for the former.[38] M. R. James' estimate of "late 13th century" for the latter cannot be correct in view of the 1301 dating of the Burley *Perihemenias* commentary.[39] The most certain statement concerning the dating of these questions that can be made at present, therefore, is that they were composed between 1297 and 1307 during Walter Burley's teaching career at Oxford and probably after his inception as master (by 1301).

b. Manuscripts

Walter Burley's twelve *Quaestiones super librum Posteriorum* are found complete in one manuscript only: Cambridge, Gonville and Caius College 668*/645 f.117v-132v. This manuscript represents a collection composed primarily of logical works by Oxford scholars made before 1306 or 1307. Included are commentaries on the *Categories* (no. 1), the *Perihermenias* (no. 7), *Liber de sex principiis* (no. 2), the *Prior Analytics* (no. 8), the *Posterior Analytics* (nos. 9 & 11) and *Elenchis* (no. 6), that is to say, the whole of the *logica vetus* and the *logica nova* excepting the *Isagoge* and the *Topics*.

The character of the collection is useful rather than ornamental. It is the work of a thirteenth/fourteenth-century English scribe, whose writing is small, crowded, and highly abbreviated. The difficulty of the hand, however, is mitigated by the impressive accuracy of the text. E. A. Synan describes this manuscript book as "an instrument collated and edited for serious study, intended to provide a student of the liberal arts with current teaching by sound instructors...."[40]

The *Quaestiones super librum Posteriorum* of Walter Burley is the ninth of the thirteen works included in the collection. There are four other works of Burley's in this manuscript, making him the principal figure in the collection; Adam Burley and Peter Bradlay each have two works in-

---

[37] See above, n. 5.

[38] Synan, 19.

[39] The date for the Questions on the *Physics*, to which the unattributed nos. 5 & 24 in MS 512/543 are said to belong (see below, n. 41), is given by Weisheipl as 1324 ("Repertorium Mertonense," 198, item 24c). If this is correct, it will not affect the dating of the *Posterior Analytics* Questions, given the date of G&C 668*/645, as established by Synan.

[40] Synan, 18.

cluded. This may be taken as testimony of Burley's prominence during his regency as master of arts at Oxford.

Gonville and Caius 512/543 is described by M. R. James as late thirteenth-century, written "in a fearfully contracted hand." He lists twenty-five items as its contents, seventeen (nos. 4, 5, 8, 10-17, 19-22, 24-5) are commentaries on Aristotle, and eight (nos. 4, 5, 8, 10, 11, 20-22) on his logic. Along with a commentary on the *De divisione*, this makes nine entries in logic. One of these is the Questions on the *Perihermenias* of Walter Burley (no.5), the only work attributed to him in this collection. However, two sets of unattributed questions have also been found to be works of Burley's. The Questions on the *Physics* (nos. 12 and 24) have been identified with those "missing" from another manuscript[41] and the Questions on the *Posterior Analytics* (part of no. 11) contain some questions in common with those in G&C 668*/645 (hereafter C) which are attributed to Burley.[42]

G&C 512/543 (hereafter G) contains 10 questions:

(1) f. 101ra: ⟨q⟩ueratur an mere logicus posset facere demonstrationem ex principiis propriis
(2) f. 101va: ⟨q⟩ueratur utrum sit aliquis syllogismus demonstrativus
(3) f. 102vb: ⟨q⟩ueratur de veritate huius 'rationale per se est animal'
(4) f. 105ra: ⟨q⟩ueratur an scientia possibilis est adquirere
(5) f. 106rb: ⟨q⟩ueratur an scientia fit in nobis per species influxas vel adquisitas (inc.)
(6) f. 107ra: ⟨an ubi et quando sint diversa praedicamenta⟩ Ad oppositum ...ad quaestionem dicendum
(7) f. 107rb: Quaestiones sunt equales numero. Secundus liber Posteriorum. ⟨q⟩ueratur circa istud utrum quaeribilia et vere scibilia sunt eadem numero
  f. 108ra: Circa sufficientiam istarum quaestionum
(8) f. 108rb: ⟨q⟩ueratur utrum quaestio quid est sit quaestio pertinens ad demonstratorem
(9) f. 108rb: ⟨q⟩ueratur utrum quaestio si est sit quaestio pertinens ad demonstratorem
(10) f. 108vb: ⟨q⟩uaeratur utrum ad concludendum passionem de subiecto sit definitio subiecti medium vel definitio passionis (inc.).

Questions 1-2 of G can be identified with questions of C, and Questions 7-10 of G with 8-11 of C (including the *ad litteram* section, "Circa

---

[41] Uña Juárez, 67 n. 185.
[42] Jan Pinborg identified the *Posterior Analytics* QQS. See Pinborg, 307 n. 12.

sufficientiam"). Question 6 in G, which is incomplete, does not appear to be concerned with material in the *Posterior Analytics* but perhaps from the *Categories*. Questions 3-5 in G certainly arise from the *Analytics*, but cannot be identified with any of the questions in C. Are they Burley's and do they form part of the *Commentary* in C? Let us consider them one at a time.

Question 3 in G (*⟨q⟩ueratur de veritate huius 'rationale per se est animal'*) is paralleled by Question 7 in C on the same proposition: "*⟨Q⟩ueratur de veritate, et hoc est quaerere utrum propositio sit per se vera in qua praedicatur genus de differentia.*" These are both extensive questions (9 columns in G, 15 in C). However, the approach taken to determining the truth of the proposition 'Rationale per se est animal' in each instance is so distinct that it is difficult to imagine the same author composing both, let alone within the same time frame.

The G-author sees answer to the question as involving the terms 'rational' and 'animal' being taken *secundum intellectus distinctos vel indistinctos*. Taken "distinctively," 'rational' signifies only 'rationality' and 'animal' only 'animality', each signifying a part of the whole 'human being'. If the terms are taken in this way, then the proposition 'rationale per se est animal' is false. Taken "indistinctively," 'rational' signifies 'having rationality' and 'animal' 'having animality', each signifiying the whole 'human being'. If the terms are taken in this way, then the proposition is true. This distinction, which constitutes the whole of the *responsio* in G Q3, is the key to all the arguments presented: "Nam rationes quae probant veritatem sophismatis probant quod sit vera secundum quod termini accipiuntur secundum suos intellectus *indistinctos* et rationes quae probant quod est falsa probant quod est falsa secundum quod termini accipiuntur secundum suos intellectus *distinctos*" (G f. 103r2). Thus, the basic thrust of the treatment of the truth of the proposition 'rationale per se est animal' in G is the signification of the terms *rationale* and *animal*.

For Burley in C, however, the signification of these terms is only a prolegomenon to establishing the truth of the proposition; and the truth of this proposition is less important for him than the more general question it raises of whether a proposition in which the genus is predicated of the difference is *per se*. While Burley in C uses some of the same arguments as the G author in determining signification, there are no striking similarities in their formulations. More importantly, Burley does not use the terminology of the *intellectus distinctus et indistinctus*, which dominates the discussion in G. It seems most unlikely that Walter Burley could address the same question twice within a short time frame, without a greater similarity of treatment than these two questions exhibit. If the C questions are Burley's, and there is no good reason to doubt it, then G3 is not.

Question 4 in G (*⟨q⟩uaeratur an scientia possibilis est adquirere*) deals with the possibility of knowing, in the sense of knowing the conclusion of a demonstration. Since this depends on knowing *principia*, one must be able to know some principle first, on which all other principles rest, otherwise there will be a regress to infinity. But there does not appear to be a first. The primacy of several candidates is tested 'quidlibet est vel non est', 'ens est ens', 'deus est deus', etc. In C, Question 3 (*(q)uaeratur utrum aliquis posset acquirere aliquam scientiam de novo?*) is concerned both with the problem of "preexisting knowledge" and with scepticism. Questions 5 and 6 in C (*utrum omnis demonstratio sit syllogismus faciens scire* and *utrum ad scientiam proprie dictam requiratur cognitio omnium causarum*) follow an exposition on the *praecognitiones* and cover issues related to *scientia* as realized in the demonstrative syllogism. The problem of primacy and infinite regress are treated. Altogether these questions cover the same problems as G4. Since the emphasis in G4 is on examining specific propositions, it would be excessive to say that its inclusion in Burley's commentary would be redundant. There is, moreover, no argument which appears to be contrary to any of Burley's in C.

Question G5 (*(q)uaeratur aut scientia fit in nobis per species influxas vel adquisitas*) is incomplete, only the arguments *quod non per species acquisitas* remaining. The discussion centers around whether or not the intellectual power has an object, and whether that object is *ens*, since "no species will be generated in any power unless that power has an object."[43]

There is a family resemblance among G4 and G5, the opening questions of the pseudo-scotistic questions on the *Posterior Analytics* (Q.1, *An omnis doctrina et omnis disciplina sit ex praecedenti cognitione*; Q.2, *An acquisitio scientiae sit nobis per doctrinam*; Q.3, *An nos intelligamus per species acquisitas*) and William Duffeld's *Quaestiones* on the same (Q.1, *Omnis doctrina, et omnis disciplina, etc. (Q)uaeratur de veritate huius*; Q.2, *Utrum scientia causetur in nobis per aliquam influentiam ab aliquo separato, ut idea*). All three commentaries begin by treating the epistemological issues raised in the first chapter of Aristotle's work.

Walter Burley's approach in C, on the other hand, is to begin by establishing the scientific character of Aristotle's book. Taking his key from Robert Grosseteste's preface to his *Posterior Analytics* commentary, Burley begins with those matters which have to be presupposed in the treatment of the science of demonstration: whether logic is a science with a distinct subject matter or simply the instrument of science (Q.1, *An mere logicus posset facere demonstrationem ex principiis propriis*); whether there can be

---

[43] Cambridge, Gonville and Caius 512/543, f. 106rb: "quia nulla species gignitur in aliqua potentia nisi in illa potentia quae habet obiectum."

demonstration (Q.2, *Utrum sit aliquis syllogismus demonstrativus*); and, since demonstration is a knowledge-making syllogism, whether knowledge is possible (Q.3, *Utrum aliquis posset acquirere aliquam scientiam de novo*). These questions are antecedent to the subject matter proper of the *Posterior Analytics*, since no science is required to establish the existence of its subject.

The fourth question of C (*Utrum homo possit per suas potentias naturales absque illustratione agentis superioris devenire in cognitionem cuiuslibet conclusionis in demonstratione*) should be grouped along with the first three questions, which Burley explicitly links (3.00). Questions 3 and 4 of C form a unit, because together they cover an agenda laid out by Henry of Ghent in the first article of of his *Summa quaestionum ordinariorum*: Q. 1, a refutation of scepticism; QQ. 2-3, an illuminationist theory of knowledge; and QQ. 4-12, a treatment of the mode of learning. Burley treats scepticism and the problem of *doctrina* in his third question and illumination in his fourth, drawing heavily on Henry of Ghent.

Thus, Burley in C, has a very clear plan for treating the problems which arise from the opening line of the *Posterior Analytics*. Although he treats epistemological questions, their treatment is subordinated to the project of establishing that there is a science of demonstration. Questions G4 and G5 represent an alternative plan, similar to that in the other commentaries mentioned, in which epistemological issues are paramount. It is unlikely, therefore, that they are part of the Burley commentary.

Consequently, there do not appear to be any good reasons for including Questions G3-G6 in an edition of Burley's *Quaestiones super librum posteriorum*. First, G offers no evidence that the collection of ten questions are a work of Burley's or even that what is recorded is a single work. Second, the G questions which do not appear in C are found together between questions that are found in C. Third, one of the G questions (6) is not a question on material in the *Posterior Analytics*. Fourth, one question (3) has an analogue in C. And fifth, two of the questions (4 and 5) are an alternative treatment of the lemma "omnis doctrina et omnis disciplina, etc." to that of Questions C1-C4.

The relation between the two sets of questions appears to be this: The first two questions in Burley's commentary on the first book of the *Posterior Analytics* in C are included in G; then G takes up other questions on the first book from one or more other commentaries; then G records (possibly) all of Burley's questions on the second book, but most of Question 11 and all of Question 12 are missing. This gives a coherent plan to the questions recorded in G.

What is the relationship between G and C where they carry the same questions? In his edition of Burley's *Quaestiones in librum Perihermenias* from these two manuscripts, Stephen F. Brown comments that "both texts are so close to one another that G [512/543] appears to have been copied from C [668*/645]."[44] Is this the case with the *Quaestiones in librum Posteriorum* as well? In deciding this question, the nature of the manuscripts should be kept in mind. Synan has described C as a tool put together "for serious study"; the same could be said about G. The comments of Sten Ebbesen about thirteenth-century texts from the Paris arts faculty are relevant to these early fourteenth-century manuscripts from the Oxford arts faculty.

> Such texts were valued for their contents of ideas, not for their beauty of expression. Copyists did not bother to make sure they copied every word of the original as they found it. In general, they seem not to have felt that they deviated from their model as long as the sentences they wrote were semantically equivalent to those of the model. What mattered was the train of thought.[45]

With this caveat, we can proceed with an analysis of the variant readings.[46]

A large group of the variants is comprised of words and phrases carried by C, but not by G, where nothing of grammar or sense is at stake. For example, in 1.11, 'mere logicus' is reiterated as subject in C but not in G; or in 8.18 'sicut dictum est prius' is read in C, but not in G. This type of variant seems best explained as a 'minimalism' practiced by the G copyist. Both C and G use 'et caetera' to stand in for parts of common syllogisms, e.g., 'omne animal rationale est risibile, et caetera'. G often uses 'et caetera' to stand in for more of such syllogisms than C, perhaps both the minor and conclusion; but occasionally C will carry less than G. However, this does not preclude G being copied from C, since scribes seem to exercise some latitude in using a marker such as 'et caetera'.

There are numerous places where C and G seem to carry different forms of the same word. These variants have been resolved as follows: C distinguishes among the forms of *-ibilis* adjectives, e.g., 'risibilis', 'risibile', where G does not. I have assumed that the G copyist did not find it neces-

---

[44] Stephen F. Brown, "Walter Burley's *Quaestiones in librum Perihermeneias*," *Franciscan Studies* 34 (1974) 201.

[45] Sten Ebbesen, "*Corpus Philosophorum Danicorum Medii Aevii*, Archbishop Andrew (†1228), and Twelfth-Century Techniques of Argumentation," in *The Editing of Theological and Philosophical Texts from the Middle Ages*, ed. Monika Asztalos (Stockholm: Almquist & Wiksell International, 1988) 268.

[46] I have assumed that all insertions and corrections were made by the primary hand in both C and G. I have not transcribed any material, largely readers' notes, by secondary hands.

sary to make these distinctions, rather than that these are 'errors'. C and G often carry different forms of the same verb, e.g., in 8.16, where C reads 'quaereretur' and G reads 'quaeritur' or in 8.18 where C reads 'sciri' and G 'scire'. In these cases C's reading is generally preferable as well as the 'more difficult'. It is possible that G does not find it necessary to distinguish between the various forms or they could be true variants. I have recorded all such instances as variants.

A large group of variants are simply transposed words or phrases.

There is a group of variants where C and G carry different words or phrases which, nevertheless, are equivalent. For example, in 1.01 where C reads 'si sic, ergo', G reads 'et per consequens' and at 8.16 C reads 'Cum ergo secundum non sit verum, nec primum est verum' where G reads 'consequens falsum, ergo antecedens'. In such cases, neither reading is preferable, neither could be a misreading of the other. I have assumed that these are not differences which necessarily preclude G having been copied from C or C and G having come from a common exemplar, but that these represent variable elements of the text, ways of introducing, concluding or summarizing arguments, which a scribe could be said to convey 'faithfully' by conveying their sense, rather than copying them word for word from the exemplar.

There are words carried in G but not in C, some of which are clearly mistakes (see 2.42 for phrases possibly copied from another place in the original); some are clearly correct, like the addition of conjunctions or prepositions, e.g., 'sed' and 'in' at 1.21 or a minor premise missing from C at 2.10; some could be gratuitous additions (if G is copied from C), e.g., 'ab omnibus quatuor causis' rather than 'ab omnibus causis' or, if C and G have a common exemplar, then they could be examples of 'minimalism' on the part of the C copyist.

If there are no variants which could not be explained by positing that either G is copied from C or that they are both copied from a third manuscript, there are also common errors which provide positive evidence for their close relationship. For example, at 8.40, both manuscripts read 'duplici de causa' an obvious transposition of 'de duplici causa' and where 'suppositionem personalem' is being contrasted with another form of supposition, C leaves out the adjective and G reads 'suppositionem simplicem', which is clearly wrong in the context, which requires 'suppositionem materialem'. In this latter case, it appears that G is supplying the deficiency in C or in some third manuscript. And at 2.02, both read 'definito' and 'definitum' where 'definitione' and 'definitionem' are required unless the minor and the conclusion of the syllogism are to be the same. Or, at 8.27, 'scire' is inserted between the lines in C and in the margin of G, which is consistent with both being copied from a third manuscript which omits the word.

In sum, there is ample evidence that C and G are "close to one another." However, there is no conclusive evidence that G has "been copied from C,"[47] rather than that C and G have a common exemplar. I have proceeded on the latter hypothesis, since this approach allows G to correct C, where it is obviously wrong, and introduces nothing else into the text from G which significantly alters the text as carried by C. In places where C and G carry different, but equivalent words and phrases, I have followed C without exception, since picking and choosing between C and G in these cases could only be arbitrary, and C, as I have argued above, carries a set of questions which is complete as it stands, without any need to include the questions in G which are not common to both; G does not carry all the C questions nor does it seem intended to be a complete copy of the Burley questions.

C. Spelling

The spelling in this edition has been normalized in order to make the text more accessible to its readers. Noted below are spelling variations which may be of some orthographical interest.

MS C	MS G	STANDARD
abadamici		academici
abilitas		habilitas
abilitatio		habilitatio
abilitatus		habilitatus
adquiro		acquiro
adquisitio		acquisitio
alico		aliquo
arsmetricae		arithmeticae
arsmetricus		arithmeticus
capud	capud	caput
	chymera	chimera
colerico		cholerico
corumpi		corrumpi
coruptibili		corruptibili
decendere		descendere

---

[47] See above, n.44.

diffinire	diffinire	definire
diffinitio	diffinitio	definitio
	dyalecticus	dialecticus
eamdem		eanden
excercita		exercita
his		hiis
ipsummet		ipsumet
inperfecta		imperfecta
inportat		importat
inpossibilis		impossibile
	layco	laico
	lyonis	leonis
Phisicorum		Physicorum
pulcherimam		pulcherrimam
quiditativa		quidditativa
relico		reliquo
sensiendum		sentiendum
sicud	sicud	sicut
sillogismus		syllogismus
stagneum		stanneum
ydentitatem		identitatem
ydioma		idioma
ymaginandum		imaginandum
ymaginem		imaginem
ypothesis		hypothesis

D. THE QUESTIONS AS A COMMENTARY

D. A. Callus, in a groundbreaking paper, distinguished three stages in the development of commentary on Aristotelian works in the period following the translations of the twelfth and early thirteenth centuries.[48] He called the first stage "Avicennian," where the commentaries take the form of treatises "after the manner of Avicenna." These works are paraphrases of the text, combined with the author's own philosophic views. The second stage is titled "Averroistic," where the commentator proceeds through division and close analysis of the text. These commentaries follow upon the Latins acquaintance with the works of Averroes, which begin to circulate around

---

[48] "Introduction of Aristotelian Learning to Oxford," *Proceedings of the British Academy*, v. 29 (London, 1943) 3-55.

1230. The third stage is that of the *Quaestiones*, where division and analysis of the text are minimal, and finally disappear, replaced by questions on the text.

In relation to the *Posterior Analytics* the first stage may be represented by the commentary of Albertus Magnus, although chronologically it falls in the second period. The commentaries of Thomas Aquinas and Robert Grosseteste are representative of the second stage, although the latter is early (c.1210), and occasionally exhibits the earlier style. Aquinas' work, on the other hand, exemplifies this stage in its full development. Walter Burley's *Quaestiones* on the *Posterior Analytics* and the pseudo-scotistic *Quaestiones* are representative of the third stage. In the first work there is minimal division and analysis of the text, and in the second none whatsoever. Indeed, it is worth asking whether works in this category ought to be considered commentaries at all, Aristotle providing only the occasion and a certain order of presentation. Since it is reasonable to assume that Burley's work is connected with his teaching Aristotle's book as part of the arts curriculum, there is at least this sense of 'commentary'. Further, though the questions might appear random at first glance, they are organized around the major themes of Aristotelian scientific method.

The first three questions in Burley's commentary form a unit within the twelve, by his express treatment. Their relationship is explained in a citation from Grosseteste's *Commentarius*, which Burley uses as an introduction to Question 3: "The existence of the subject of any science must be a presupposition [of that science]." Since the *Posterior Analytics* is that part of logic which treats demonstration, and a demonstration is a syllogism which causes knowledge, Aristotle's work presupposes the possibility of logic, demonstration, and discursive knowledge. Burley's first three questions are designed to deal with Aristotle's presuppositions. The first (whether the logician can demonstrate through proper principles) is intended to establish whether logic is a science in its own right, i.e., has first principles, or whether it is only the instrument of science. The second (whether any syllogism is demonstrative) is intended to establish the existence of demonstration. The third question attempts to establish the possibility of discursive knowledge.

a. *Logic*

Is logic a *scientia* or merely a *modus sciendi*? For Walter Burley this question can be answered by determining whether it belongs to logic to define its own terms or whether they are defined in another discipline.[49] The *medium* or middle term of a demonstrative syllogism reveals the cause or rational basis for linking the subject and predicate terms in the conclusion. This middle term is a word or phrase which defines something belonging to the subject matter of a scientific discipline. Definitions must be proper or appropriate to each science. Therefore, if the logician is engaged in 'science', the definitions he uses must originate in logic, not in other disciplines.

The objections against the logician's capacity to define his subject matter are centered around his peculiar relationship to the metaphysician which Aristotle outlines in the *Metaphysics*:[50] "metaphysicus et logicus circa idem laborant" (1.13). If the metaphysician and the logician are concerned with the same subject matter, they will both define it. But if there is a real distinction between the definitions, which is necessary if they are to be proper to different sciences, then there will be a real distinction in what is being defined, e.g., "animal," and the same thing will differ from itself.

If it is not possible for both the metaphysician and the logician to define the same thing, then it would appear that the capacity for definition will belong only to the metaphysician: for the definition expresses the *quod quid* of a thing, and the metaphysician is concerned with essences (1.01). Therefore, the logician must take his definitions from the metaphysician, and logic will not be a science in its own right (1.06).

However, the proper subject of logic is *ens verum*, and Aristotle excludes this category of being from the subject of metaphysics. The metaphysician, therefore, may not define *ens verum*. Nevertheless, Aristotle considers the principle of non-contradiction in the *Metaphysics*,[51] and so the metaphysician must be able in some way to treat of *ens verum* (1.14).

Burley proceeds to solve these objections by making this distinction: the metaphysician and the logician consider and define the same thing, but "sub alia et alia ratione reali" (2.26). When the metaphysician treats of *ens verum* he does so insofar as it has its roots in the natures of things; the logician treats it as his proper subject (2.31). The scope of each science is all things, but the metaphysician defines them *in quid*; the logician, as possessing certain second intentions (2.23). Further, the *ratio formalis*, under

---

[49] Cf. Aristotle, *Posterior Analytics*, ed. W.D. Ross (1949; rpt. with corr. Oxford: Clarendon Press, 1965); trans. Jonathan Barnes, *Aristotle Posterior Analytics*, 2nd ed., (Oxford: Clarendon Press, 1994), I.10, 76b12-13.

[50] Aristotle, *Metaphysics*, ed. W. D. Ross, 2 vol. (1924; rpt. with corr. Oxford: Clarendon Press, 1958) III.2, 1004b17-26.

[51] Ibid., III.4-8, 1005b35ff.

which each science defines its subject matter, is a *ratio realis* (2.28). The distinction between the sciences, therefore, is founded *in re*.

b. *Demonstration*

In the second question ("whether any syllogism is demonstrative"), Burley poses four objections to the possibility of demonstration. The first two concern the "material" definition of demonstration given by Aristotle in *Posterior Analytics* I.2: the premises of demonstrative knowledge must be "true, and primitive and immediate and more familiar than and prior to and explanatory of the conclusions."[52] In the first objection, it is argued that the premisees are not more familiar or better known than the conclusion; in the second that they are not immediate. The third objection proceeds by denying the existence of one of the three elements of demonstration enumerated by Aristotle in *Posterior Analytics* I.7: "There are three things involved in demonstrations: 1) what is being demonstrated, or the conclusion (this is what holds of some kind in itself); 2) the axioms (axioms are the items from which demonstrations proceed) 3) the underlying kind whose attributes...the demonstrations make plain."[53] This argument denies that an attribute, a *passio*, may inhere in a kind or *genus*, because it does not seem that a *genus* may have a *passio*. The fourth objection is concerned with the *significatum* of demonstration: is a demonstrative syllogism composed of words, or concepts, or of things? If words or concepts, how will it fulfill Aristotle's requirement that demonstrative knowledge be necessary? But if from things, then the demonstrative syllogism would be an *ens extra animam*.

In answering objections one and four, Burley is concerned with showing that demonstrative reasoning, as Aristotle understands it, has a basis in things themselves. In a demonstrative syllogism, the major premise ("every rational animal is risible") must be better known than the conclusion ("every man is risible"). According to Burley, this *notioritas* cannot be attributed to the major proposition as spoken or written (*ex parte vocis*) or to the proposition as conceived in the intellect (*ex parte intellectionis*). Rather, what is "better known" must be some aspect of the real thing (*ex parte rei*) signified by the major proposition.

While the first objection assumes that what is signified by the demonstrative syllogism is *in re*, the fourth objection puts that assumption in question. Since a proposition is something 'complex' or 'composed', if what

---

[52] *APo*, I.2, 71b20-22.
[53] Ibid., I.7, 75a42-75b2.

it signifies is *in re*, then what is signified is a real composition.[54] But on this assumption, the proposition 'cauda leonis est caput draconis' would be a real chimera. Burley argues that the syllogism, understood as sign (*pro signo*), is composed of words or concepts; but what is signified by the syllogism (*accipitur pro signato tantum*) is a composition of real things, although it is not a real composition, but a composition by the intellect. The syllogism as *thing signified*, therefore, is not a being in the sense of substance or accident, but an *ens verum*. Therefore, it exists nowhere *subiective*, either in the mind or outside the mind, but has *esse obiective* only. Thus, the syllogism *componitur ex rebus* does not necessitate the existence of chimeras.

c. *The Possibility of* Scientia

   i. *Scepticism*

The treatment of *scientia* in Questions 3-6 of Burley's work is influenced both by Aristotle's definition of science as knowledge through causes gained through demonstration and the questions about the possibility of knowledge raised in the introductory article to Henry of Ghent's *Summa Quaestionum Ordinariorum*.[55] Indeed, Burley appears to be attracted to many aspects of Henry's "halfway house" between Augustinian illuminationism and Aristotle's grounding of knowledge in sense and experience. Questions 1, 2 and 3 of article 1 of the *Summa* are the core of Henry's theory of knowledge; Questions 4 through twelve are concerned with the acquisition of knowledge or learning. Question 1 contains his refutation of scepticism and his affirmation of the truth of sense knowledge. Questions 2 and 3 deal with his theory of illumination, which asserts that the whole or pure truth about a thing can only be had through comparison of it with its exemplar contained in the mind of God. Thus, knowledge in its truest sense is a direct divine gift, not the product of the natural powers of the soul. Burley's Question 3 treats the issues in Henry's a.1, q.1 and qq.4-12; Question 4 in Burley's text treats the issues in qq. 2-3.

Burley begins his defense of *scientia* by considering the "argument of those who deny the possibility of knowledge in the Fourth Book of the Metaphysics" (3.01). As Henry of Ghent notes, they cannot be refuted by "demonstrating" the possibility of knowledge, because they reject the fundamental principles upon which all demonstration rests. Aristotle's method

---

[54] Conti, 127-136.

[55] Henry of Ghent, *Summa Quaestionum Ordinariorum*, 2 vol. (1520; rpt. St. Bonaventure, N.Y.: The Franciscan Institute, 1953), I, ff. 1r-23r.

of refutation, which he outlines before commencing,[56] is, in Henry's words, to use "true and highly probable statements against them which they cannot deny."[57] Both Burley and Henry of Ghent follow Aristotle in thinking that his predecessors' denial of the principle of non-contradiction originates in mistaken theories about sensation. Burley formulates their objection in this way: "The senses do not apprehend anything certain; but the intellect apprehends nothing except through the sense; therefore the intellect apprehends nothing certain" (3.01).

Burley's reply follows the same basic reasoning as that of Aristotle: the fact that the senses often present us with conflicting evidence does not undermine the possibility of certain sensitive knowledge. He proceeds by affirming that the senses can apprehend objects with certainty, but that there is, nevertheless, a doubt as to when the judgement of the sense is trustworthy and when it is not (3.28). As a general principle, Burley says, the particular sense, i.e., sight in regard to color or hearing in regard to sound, ought to be trusted, unless a higher sense contradicts its evidence or a higher power perceives some impediment to correct sensation. For example, reason will instruct the sick person that the bitterness he tastes is not to be attributed to honey, but to the state of his body (3.29). Aristotle's principle that sense is never deceived about its proper object is affirmed, but the reality of deception is admitted. It is, however, "someone" who is deceived, and this is through the existence of some impediment to sensation (3.31).

It is the work of the intellect to judge whether the sense evidence in any particular case is deceptive, and the intellect becomes fit for such judgement *ex multis experimentis* (3.30). The man who is very experienced in counting money, can distinguish between the silver coin and the tin coin disguised as silver; the man who has no such experience will be deceived. The intellect, then, serves to "correct" the senses, and prevents belief in occasional deceptive evidence (3.31).

ii. Discursive Knowledge

Aristotle refers to the "the puzzle in the *Meno*" in the first chapter of the *Posterior Analytics*:[58] it seems that "you will learn nothing or what you already know." In its original form, in the dialogue *Meno*, this is the argument: "that a person cannot inquire either about that which he does not know; for if he knows, he has no need to inquire; and if not, he cannot;

---

[56] *Metaph*. IV.4, 1006a18-28.
[57] *Summa* a. 1, q. 1; I, fol. 2vD.
[58] *APo* I.1, 71a29-30.

for he does not know the very subject about which he is to inquire." The Platonic solution to this problem is the doctrine of recollection: we indeed learn what we already know; or, more correctly, that which the soul has "forgotten" through its entrapment in the body, is recalled. Another solution to the problem is recorded by Aristotle in *Posterior Analytics* I.1:[59] We learn what we do not know, and this entails that knowledge be totally experiential: each fact is known separately, not as deduced from any principle or as related to any other fact. Meno's puzzle has, therefore, been attacked on both horns before Aristotle takes the problem of knowledge under consideration. Aristotle's own solution to the dilemma establishes the possibility of inquiry, of learning and being taught: "there is nothing to prevent a person in one sense knowing what he is learning, in another not knowing it. The strange thing would be...if he were to know it in that precise sense and manner in which he was learning it."

Walter Burley follows Henry of Ghent in treating Meno's puzzle as it is reported by Averroes in his commentary on *Metaphysics* IX.[60] The point at issue is that act must be prior to potency in time. One cannot be a builder if one has not built; nor a harpist if one has never played the harp. But if this is the case, how do the ignorant acquire knowledge? If one has not built, one is not a builder. But who can build but a builder? If one who is not a builder can build, then there would be no distinction between ignorance and knowledge.

Burley begins his reply by asking the precise meaning of the word "addiscere," "to learn." Does "addiscere" mean any new acquisition of knowledge whatsoever, or does it mean the acquisition of knowledge of the conclusion in a demonstration? If the first, then it is possible for a person to learn something absolutely new of which he had no previous knowledge; if the second, then it is true that he who knows nothing will learn nothing. Aristotle has this last in mind when he says that all learning and teaching are from pre-existing knowledge, while the objection of Meno treats the first sense (3.34).

How, then, is one able to learn *nihil praesciendo*? Burley answers that the soul from the beginning of its existence has a *potentia confusa* for all the sciences that it will come to possess actually. For every knowable thing there is a corresponding potency for knowing it (3.35). He then applies this principle to Meno's paradox. The one who is learning to do something, for example, to play the cithara, must learn through exercise of the

---

[59] Ibid., 71a30ff.

[60] Averroes, *In Metaph. Libri XIIII*, in *Aristotelis Opera Cum Averrois Commentariis*, VIII (1562; rpt. Frankfurt/Main: Minerva G.m.b.H., 1962) IX.8, t.c. 14, 240vK.

knowledge: and this means that he must in some way have this knowledge. But if he had to learn to play the cithara in the way he is presently playing it, he would have to have played the cithara previously, and so on *ad infinitum*. Therefore, his ability to learn the cithara through exercise of this particular knowledge cannot be explained by "learning," but rather through a natural aptitude or disposition for learning: a human being may learn to play the cithara, but an ass cannot (3.36).

iii. Teaching and Learning

With the possibility of acquiring knowledge established, Burley turns to the question of the mode of acquisition. Once again following Henry of Ghent, Burley sets this up as a question about the interior power of reason to move from first principles to ultimate conclusions and the function of an exterior teacher in directing and stimulating the interior process through signs (3.23-28). While both Henry and Walter Burley accept Aristotle's model of new knowledge arising from what is already possessed, their description of the learning process is platonic. The "*per se* and proximate cause" of someone's learning something is the possession of properly ordered concepts, which ordering is done by the *ratio interior*. The *doctor exterior* causes "an exterior ordering of words, which is only a sign directing reason towards its own concepts," as a pointing finger might cause us to 'see' a star. Thus, the "true teacher," as Grosseteste says (3.27) is reason, and all others teach only *per accidens*.

d. The Limits of Scientia

i. Illumination Theory

Questions 4, 5, and 6 seem to be concerned with the scope of scientific knowledge as defined by Aristotle: Question 4: does it extend to all possible conclusions of all possible demonstrations, or only to those based on premisees which are naturally knowable without requiring "illumination by a superior agent"? Question 5: does it extend to demonstrations in subalternated sciences, demonstrations *ad impossibile*, etc.? Question 6: does scientific knowledge, knowledge through causes, extend to knowledge of all the causes, even to the first cause?

Question 4 asks "whether a human being with his natural capacities, without illumination by a higher agent can come to knowledge of any conclusion whatsoever in a demonstration." Both William Duffeld's[61] and

---

[61] Cambridge, Gonville and Caius 668*/645 ff. 137r-149v. Q1 begins at f. 137r, Q2 at 137v.

the pseudo-scotistic[62] commentaries turn to a similar issue at this point in the *Analytics*. But both are simply considerations of the rival merits of platonic and aristotelian epistemologies: do we understand through *species vel ideas separatas* or do we not? For Burley, the issue is the relation between theology and the philosophical sciences.

This question is a carefully crafted *cento* of arguments excerpted and spliced from two sources. In addition to the questions on illumination theory in Henry of Ghent's *Summa* mentioned above, Burley makes extensive use of the opening question of the *Prologue* to John Duns Scotus' *Lectura* on the *Sentences*.[63] This question, "on the necessity of revealed doctrine," is intended, according to Gilson, as "une critique théologique des limites de la philosophie."[64] The basic issue is, in Joseph Owens' words, "the worth of philosophy as a means of grasping reality."[65] Since the philosophers, according to Scotus, affirm "the perfection of nature" and deny the existence of a "supernatural perfection," how can their enterprise be anything but flawed and deficient from the point of view of theologians?[66] Scotus outlines the position of the "philosophi" by constructing philosophical arguments, based primarily on texts of Aristotle, each of which concludes to the sufficiency of natural reason in attaining the knowledge necessary for human beings in their present state. These arguments are based on three principles: first, the efficacy of the intellect as a natural power and of the natural order in general; second, the universal scope of the philosophers' grasp of "things"; third, the efficacy of demonstrative science in producing certain conclusions through syllogistic reasoning

---

[62] Pseudo-Scotus, *Quaestiones in Librum Primum Posteriorum Analyticorum Aristotelis*, ed. L. Wadding, in *Opera Omnia I. D. Scoti* (Paris: Vives, 1891) II, 201-10. Q1: "An omnis doctrina, et omnis disciplina sit ex praecedenti cognitione"; Q2: "An acquisitio scientiae sit nobis per doctrinam"; Q3: "An nos intelligamus per species acquisitas, vel per species separatas."

[63] John Duns Scotus, *Lectura*, prol. 1, q. un., in *Opera Omnia* XVI (Vatican City, 1960) 1-21. For an assessment of Scotus' influence on Burley, see Uña Juárez, 16-22, and 333-45. He argues that Burley was "a student or at least an occasional auditor" of Scotus's lectures (22); he also speaks of "un cierto scotismo 'juvenil' de Burley" (333), of which, perhaps, this question is a witness.

[64] Etienne Gilson, *Jean Duns Scot. Introduction à ses positions fondamentales* (Paris: J. Vrin, 1952) 29.

[65] Joseph Owens, "*Tenent Philosophi Perfectionem Naturae*," in *Essays Honoring Allan B. Wolter*, ed. W. A. Frank and G. J. Etzkorn (St. Bonaventure, N.Y.: Franciscan Institute, 1985) 223.

[66] *Ordinatio*, prol. 1, q. un., in *Opera Omnia Ioannis Duns Scoti* (Vatican City, 1950) I, n. 5, 4-5. Cf. *Lectura*, prol. 1, q. un., n. 6, 3.

from first principles. The philosophical outlook from which these arguments spring is that "naturalism" which pervades and unifies the 219 propositions condemned by Etienne Tempier in 1277.[67]

Walter Burley's four arguments in support of a natural capacity to know the conclusions of all demonstrations are a replication of Scotus' hypothetical "philosophi." The fourth argument, in particular, reveals the rationalism of this stance.

> He who is able naturally to know any principle, can naturally know every conclusion contained in that principle, because knowledge of the conclusion is dependent only on knowledge of the principle and deduction of the conclusion from the principle, which deduction is evident through "said of all or said of none"; but we naturally understand first principles in which are naturally contained all conclusions therefore, etc.... And all conclusions are contained in the first principles, because in virtue of the fact that the terms of the first principle are the most common, they contain all particular concepts, and those having been distributed, distribution occurs for all [terms]. (4.04)

What is being suggested here is a deductive schema depending on three factors: first, knowledge of the terms of primary principles; second, the virtual containment of particular terms in the common ones, given the property of confused, distributive supposition, which is attributed to the subject terms of universal propositions and the predicate terms of universal negative propositions et al.[68] (this supposition is the basis of certain necessary inferences, which are known as "descent to singulars" and "ascent to singulars");[69] third, the rule of *dici de omni vel de nullo*, which guarantees the validity of a syllogism.[70] This notion of sciences as deductive *stemmae* may have been suggested to both Scotus and Burley by Henry of Ghent.[71]

---

[67] E. Gilson, *History of Christian Philosophy in the Middle Ages* (New York, 1955) 406; R. Hissette, *Enquête sur les 219 Articles Condamnés à Paris le 7 Mars 1277* (Louvain: Publications Universitaires, 1977) 274-5.

[68] Walter Burley, *De puritate artis logicae Tractatus Longior With A Revised Edition of the Tractatus Brevior*, ed. P. Boehner (St. Bonaventure, N.Y.: The Franciscan Institute, 1955) 24-7.

[69] For a discussion of this theory, see Paul V. Spade, "The Logic of the Categorical: The Medieval Theory of Descent and Ascent," in *Meaning and Inference in Medieval Philosophy*, ed. Norman Kretzman (Dordrecht: Kluwer Academic Publishers, 1988) 187-224.

[70] Cf. Pseudo-Scotus, 98.

[71] See notes to 4.04.

The sole argument *quod non*, however, is not traceable to Henry of Ghent or Duns Scotus. If a human being could know the conclusions of all demonstrations through purely natural powers, then he "would be able to know from purely natural powers as many things as the first cause knows, which is unacceptable" (4.05).

The claim that human beings can naturally know the conclusions of any demonstration whatsoever could be "unacceptable" because it impinges on at least two of those "obvious and detestable errors" condemned at Paris in 1277. For it is arguable that the person who "knows as many things as the first cause" through natural powers, knows the first cause itself through natural powers.[72] And if a person can know in a purely natural way all that the first cause knows, what need is there for revelation, or for a science of revelation? "To know theology," therefore, would not produce an "increase in knowledge."[73]

This question cannot be said to have a magisterial determination in the true sense of the word, since Walter Burley does not explicitly take a stand. He begins his response, however, by indicating clearly where the battle lines are drawn on the matter of the sufficiency of natural reason: *aliter dicunt philosophi et theologi*. He then delineates three separate positions on the question. First, the position of the philosophers, as formulated by Scotus for his discussion of the necessity of revelation. This position is consistent with the four arguments *quod sic* of this question. Secondly, a position which follows the letter, if not the spirit of Henry of Ghent's illumination theory. Finally, a position, rejected by Henry of Ghent, which could be characterized as the extreme theological view, that all knowledge requires illumination.

Although Burley identifies none of these positions as his own, the position of Henry of Ghent is presented as a middle way between two extremes. It is, moreover, from this position that the replies to the objections are made; it can therefore be taken as embodying Burley's viewpoint.

It is difficult to decide finally the extent to which Walter Burley accepts the epistemology of Henry of Ghent. For Henry, there is no *sincera veritas*, pure truth, whatsoever that is not obtained through illumination by a divine exemplar.[74] The numerous texts where he seems to exclude the

---

[72] Prop. 211 in *Chartularium Universitatis Parisiensis*, ed. H. Denifle and A. Chatelain (1889; rpt. Brussels, 1964) I, n. 473, 555: "Quod intellectus noster per sua naturalia potest pertingere ad cognitionem prime cause."

[73] Prop. 153: "Quod nichil plus scitur propter scire theologiam"; ibid., 552.

[74] For Henry's doctrine in the *Summa*, see Steven P. Marrone, *Truth and Scientific Knowledge in Henry of Ghent* (Cambridge, Mass.: The Medieval Academy of America,

philosophical sciences from this noetic principle are of secondary importance and must be adjudicated accordingly.[75] But Burley seems to make these secondary texts primary. In the *responsio* he refers to no text which cannot be interpreted as limiting illumination to matters of faith and, thus, to the realm of theology. The *stemma* of each philosophical science, then, can grow from first principles into increasing and diverging branches of conclusions through unaided natural reason.

ii. Subalternated Sciences

The concept of subalternated sciences arises from certain exceptions which Aristotle allows to his general principle that scientific demonstrations cannot "cross over" from one discipline to another, since every science must have a definite subject genus.[76] It is sometimes the case that one science is "under" another: the superior science may demonstrate the "reasoned fact" (*scientia propter quid*) and the inferior science only the "fact" (*scientia quia*).[77] With respect to method, the superior sciences are mathematical in character, while the inferior ones are perceptual.[78]

While in the fourteenth century the status of theology as a science is often discussed in conjunction with Aristotle's concept of subalternated sciences,[79] Walter Burley does not follow Scotus and Henry of Ghent down this path. He treats 'subalternated' science *qua scientia* as part of a question about whether every demonstration is a *syllogismus faciens scire*. The general approach of Question five is to investigate whether the definition of *scire* is met by every science, every demonstration, every conclusion of a demonstration. Will it be met by subalternated sciences, demonstrations *ad impossibile*, or conclusions where the subject is the material cause of the *passio* which is predicated of it?

The difficulty with respect to the subalternated sciences is that "the principles of such demonstrations are not certain, but given credence." They cannot be certain, since this could only be through the terms themselves or through prior principles, and neither is possible. Because the principles of the subalternated sciences (e.g., optics) are *conclusions* of the subalternat-

---

1985) c. 1, 13-40.

[75] Gilson, *History*, 760, n. 39.

[76] *APo* I.7, 75a38-b6.

[77] *APo* I.13, 78a23-b33.

[78] *APo* I.13, 79a3.

[79] See Steven J. Livesey, ed., *Theology and Science in the Fourteenth Century: Three Questions on the Unity and Subalternation of the Sciences from John of Reading's Commentary on the Sentences* (Leiden: E.J. Brill, 1989) 21-53.

ing sciences (e.g., geometry), they cannot be immediately certain through their terms; and if they were certain through prior principles, this would mean that the practitioner of the subalternated science would have to demonstrate his principles (5.14).

That the principles of the subalternated science are proved in the subalternating science is not a sufficient answer to this objection. Each of these sciences is a distinct habit, and so it is possible to possess the former before the latter. In this case, the principles of his science are not certain to the practitioner of the subalternated science, because he has no knowledge of these. His demonstrations, therefore, do not produce knowledge in him (5.15).

In his *responsio*, Burley explains the four ways in which one can understand *scire*, according to Grosseteste;[80] the four conditions of *scire propriissime*, according to Themistius,[81] and how these four are derived from Aristotle's definition of the term (5.24-27). These distinctions allow him to posit degrees of certitude in demonstrative science. For Grosseteste, differences in certitude are constituted by differences in the objects of knowledge.

To explain why subalternating sciences result in *scire propriissime* and subalternated sciences do not, Burley distinguishes two ways in which someone can come to know something. This can be either through testimony of another, and from the outside; or from one's own testimony, and from the inside. It is in the first way that "we know the existence of cities and lands which we have not seen" (5.28). But this knowledge is not certain like that we possess through our own, interior witness. It is also in this way that the practioner of a subalternated science would know the principles of his science: through the "testimony" of the practioners of the subalternating science, but without the interior testimony which could only result from knowing how the principles of his science are concluded from those of the subalternating science. He, like the pupil, *believes* what the master *knows* through demonstration (5.30). It is possible, however, for the probability of the principles of the subalternated sciences to be supported "through the way of sense and experience" (5.29). These principles, then, are certain, but not "so certain as those of the subalternating sciences" (5.28).

---

[80] Robert Grosseteste, *Commentarius In Posteriorum Analyticorum Libros*, ed. Pietro Rossi (Florence: Leo S. Olschki, 1981) I.2, pp. 99-100, ll. 9-24.

[81] Themistius, *Analyticorum Posteriorum Paraphrasis*, ed. M. Wallies, in *Commentaria in Aristotelem Graeca* (Berlin: Reimer, 1900) A.2.5, ll. 5-10.

This way of "sense and experience" does not only increase the certitude of the pupil, but, interestingly enough, of the master as well. The pupil "believes" what the master teaches about the eclipse of the moon; the master is "certain" about what he teaches through demonstration. Nevertheless "he is able to understand more clearly by seeing, in person, the earth coming between [the sun and the moon]." It is possible, therefore, "for knowledge possessed through demonstration to have knowledge which is more certain than it is" (5.30). So, in contrast to the distinctions Grosseteste establishes, Burley's are not taken from the objects of knowledge, but from the mode of knowing.

iii. Causal Knowledge

Question 6, "Whether understanding of all the causes is required for knowledge properly so-called," is, like Question four, concerned with the natural limits of human intellection. In the *Posterior Analytics*,[82] Aristotle says that "we think we understand something *simpliciter* (and not in the sophistical way, incidentally) when we think we know of the explanation because of which the object holds that it is its explanation" or cause. It remains, however, to ask what constitutes having an 'explanation' or 'causal knowledge'. Unlike a similar question in the pseudo-scotistic commentary, Walter Burley's concern is not with whether 'causal knowledge' means knowledge of all of the four genera of explanations or causes—material, formal, efficient, and final—but with the hierarchy of causes. In order to know a thing properly must one know all its causes from the proximate to the remote, and finally to the first cause itself? The shape of both question and answer are traceable to one of the propositions condemned in 1277: "Quod intellectus noster per sua naturalia potest pertingere ad cognitionem primae causae."[83] Burley must give a coherent account of the completeness of scientific knowledge of any thing, where 'complete' does not mean up to and including God as the first cause of that thing.

Burley argues that a thing is naturally apt to be known through those same factors which gave it being. Thus, it is naturally apt to be known through all its causes, including the first cause, but not by the human intellect (6.08). For it is natural to the human intellect to come to know the first cause through its effects, not vice versa (6.09). Therefore, if it were natural for a thing to be known by human beings through all its causes, the passive power to be known would not correspond directly to the human intellect's power to know (6.08). Rather, the thing's natural aptitude

---

[82] *APo* I.2, 71b10-11.
[83] See above, n. 72.

to be known through all its causes corresponds to the divine intellect's power "to know a thing through all its causes and through the absolutely first cause" (6.09). The human intellect proceeds not through the first cause, but through a *quasi principium*, i.e., "the notion of being and the one" (ibid.). The conclusions of demonstrations are known through their principles, the principles through their terms, which are further reducible to the notion of being and one. All this it is necessary to know, if the human intellect is to be said to know *simpliciter* or absolutely. But to know more is neither necessary nor possible to human beings (6.10). As in Question 4, the limits of the natural capacity of human intellction are clearly drawn.

e. Predication

In Book I, c. 4 of the *Posterior Analytics*, Aristotle begins a discussion of the things on which demonstration depends. And as preliminary, he determines the meaning of the expressions " in every case," "in itself" and "universally." Aristotle's concern in treating of the first and third expressions is to fix their precise meaning in relation to demonstration. So while in the *Prior Analytics*,[84] "in every case" means only that some predicate can be said truly of each and every instance of some subject; here it means that some predicate can *always* be said truly of each and every instance of some subject.[85] In the first case, as Thomas Aquinas points out, "in every case" is understood in a sense which embraces both the usage of the dialectician and the demonstrator. In the second, its meaning is restricted to the stringencies of demonstration.[86]

Again, the meaning given to "universally" is peculiar to demonstration.[87] What is predicated of a subject universally is "in every case" and "in itself," but further, it is said "primitively." Therefore, although "having angles equal to two right angles" is said of "isosceles" insofar as it is a triangle; but it is not said of "triangle" insofar as it is a figure, so it is said of "triangle" as of its adequate subject, which neither exceeds (as "figure" does) nor falls short of it (as "isosceles" does). And thus it is said "primitively" of triangle, which is what the demonstrator means by "universally."

---

[84] Aristotle, *Prior Analytics*, ed. W. D. Ross (1949; rpt. with corr. Oxford: Clarendon Press, 1965) I.15, 34b7-18.

[85] *APo* I.4, 73a28-9.

[86] Thomas Aquinas, *Expositio Libri Posteriorum*, in *Opera Omnia*, ed. Commissio Leonina, v. I.2 (Paris: Librairie Philosophique J. Vrin, 1989), I, lect. 9, 37, ll. 75-85.

[87] *APo* I.4, 73b25-74a3.

But in relation to the second expression "in itself," the question arises, does all of Aristotle's discussion pertain properly to demonstration or only part, and if so, what part? This question is answered variously by his mediaeval commentators.[88]

Aristotle distinguishes four different ways in which a thing can be "in itself" *per se* and, correspondingly, four ways in which a thing is not "in itself," but "accidentally" or "incidentally" *per accidens*.[89] About the first two ways there is no dispute. Each is characteristic of propositions which occur in demonstrations. A is said to belong to or to be predicated of B "in itself" in the first way, if A "holds of it [B] in what it [B] is," or is in the definition of B. In this way "line" is predicated of "triangle" and "point" of "line." Since the definition consists of the genus and specific difference of the thing defined, A should represent one or both in relation to B.

In the second way, A is said to be predicated of B "in itself" if B "inheres in the account which shows what it [A] is" or the definition of A. "Straight" and "curved" are predicated of "line" in this way, and "odd" and "even" of number. In the scholastic tradition of commentary on Aristotle, this mode of *per se* predication covers the attribution of properties or *per se* accidents to the subjects in which they inhere.

The third way in which something is said to be "in itself" seems, initially at least, not to be a propositional qualification at all, let alone a quality peculiar to demonstrative propositions. In the mediaeval tradition of commentary, this third way is distinguished from the others as a *modus essendi*, rather than a *modus praedicandi*. Here "in itself" or *per se* "idem est quod solitarie" (7.04) to exist "in itself" rather than "in another." This amounts to a distinction between first substance and its accidents although, as Thomas Aquinas points out, second substance, which is not "in itself" in this way, is not an accident. But does the third way of calling something "in itself" have only a metaphysical dimension or is it related to propositions and so to demonstration? Since Aristotle has included it in his treatise on demonstration, it is at least reasonable to assume that it has a logical aspect as well as a metaphysical one. Both Pseudo-Scotus and Walter Burley posit a connection between *per se tertio modo* and demonstration. The subject of a demonstration considered by itself, not as compared to a

---

[88] E.g., Albertus Magnus, I, tract. II, c. 8, 38, 44-45: *per se* modes 1&2 pertain *simpliciter* to demonstration, 3&4 *non simpliciter*; Averroes, I, tc 32, f.76v D-E: 1&2 *simpliciter*, 4 *per accidens*; Grosseteste, I, 4, 114-15, ll. 120-129: 1&2; Thomas Aquinas, I, lect. 10; 50, ll. 60-9.: 1, 2, 4; W. Burley (7.10): 3 *non universaliter*, 1,2,4 [*universaliter*]; Pseudo-Scotus, I, q.16, 242b: 1&2.

[89] *APo* I.4, 73a34-73b24.

predicate, is said to be "in itself" since it is *per se ens et subsistens* (7.10).⁹⁰

In the fourth way of being said "in itself," the "in itself" is equivalent to "through itself." It is called, therefore, by some mediaeval commentators the *modus causandi*. Aristotle's examples make very clear the distinction between "in itself" and "incidentally" in the fourth way. In the instance "there was lightning while he was walking," "lightning" is only incidentally related to "walking," for it was not *through* the walking, that the lightening came about; that they came about together is coincidental. But in this instance "something died while being sacrificed" "died" is related to "sacrificed" "in itself," for it is *through* being sacrificed that the thing died. The relationship, then, which is called *per se* in the fourth way is that between cause and effect. The examples are in terms of efficient causality, but there is no reason to limit "through itself" to one type of cause. Thomas Aquinas holds that this fourth way of *per se* is both a mode of predication and one which may characterize propositions in a demonstrative syllogism.

Walter Burley comments *ad litteram* on Aristotle's discussion of *de omni*, *universale*, and *per se*, drawing on the commentaries of Robert Grosseteste and Thomas Aquinas, while introducing some issues not raised by these authors, e.g., whether negative propositions can be *per se* (7.11) and whether there are modes of *per se* predication which do not pertain to demonstration (7.05). However, the greater part of Question 7 is not this traditional exercise in exegesis of Aristotle's text, but an intricate analysis of the sophisma 'Rationale per se est animal'. To seek the truth of this proposition, Burley says, is the same as asking "whether a proposition is *per se* true in which the genus is predicated of the difference" (Q7).

Burley's determination of this question falls into five parts: the preface, which determines the signification of the *nomen generis* and the *nomen differentiae* (7.64-7.77), and replies to the original question put in four different ways: the first (7.78-7.88) concerns the truth of the proposition "rationale per se est animal"; the other three (7.89-7.95) are different forms of the question, whether that proposition in which the genus is predicated of the difference is *per se*.

---

⁹⁰ On the third mode of *per se*, see my article "Aristotle on Substance and Predication: A Mediaeval View," *Proceedings of the American Catholic Philosophical Association* 61 (1987) 78-87.

f. The Status of Questions

Questions 8, 9 and 10 of Walter Burley's *Commentary on the Posterior Analytics* are concerned with the four questions pertaining to demonstration which Aristotle discusses in the beginning of Book II:[91] "the fact" (*quia*), "the reason why" (*propter quid*), "if something is" (*si est*), and "what something is" (*quid est*).

Question 8 seeks the truth of the lemma under which it is placed, "Quaestiones sunt aequales numero his quae vere scimus" (8.17). In showing that the four questions pertaining to the demonstrator are equal in number to those things which are truly known, Burley considers arguments about the possibility of questioning and knowing simple substances (8.07), non-being (8.09), contingents (8.10), and singulars (8.11). He entertains the objection that *quaestio* and *scientia* pertain to two different disciplines: the former to dialectic, the latter to demonstration (8.03-8.06); that questions are finite, knowables infinite (8.08); that no question whatsoever is knowable (8.12-8.16), and that the questions *propter quid* (8.01) and *quid* (8.02), in particular, are not knowable.

Questions 9 and 10 are prefaced by a discussion of the "sufficiency" of the questions proper to demonstration. The *Doctor planus et perspicuus* presents three schemata for justifying the number of questions. The first argues that there are two elements in demonstration, the subject and the proper attribute, and concerning each two questions may be asked: one about its being, the other about its quiddity. Therefore, *quia est* asks about the being of the proper attribute, *propter quid* about its essence; *si est* concerns the being of the subject, and *quid est* its quiddity (9.01).

The second schema denies that any of the questions concern the subject, since its being and quiddity are rather *praecognita* than *quaesita*. All questions, then, are about the proper attribute, "either in itself and absolutely or insofar as it inheres in its subject" (9.02). *Quaestio si est* concerns the being of the proper attribute in itself, *quaestio quia est* its being in its subject. *Quid est* is asked about the essence of the proper attribute, absolutely considered, *propter quid* about the cause of its inherence in the subject.

Finally, Burley presents a schema based upon the classification of the questions (derived from Aristotle, II.1, 89b25-6) into those which are *ponentes in numerum* and those which are *non ponentes in numerum*. All questions seek something concerning some thing. When that which is sought is "within the nature of the thing" of which it is sought, we have a *quaestio non ponens in numerum*. If it is "something indeterminate" that is sought, it

---

[91] *APo* II.1, 89b24-5.

is *quaestio si est*; if it is something which is "wholly the same in nature" with that of which it is sought, it is *quaestio quid est* (9.04). This amounts to the difference between seeking the genus of something and seeking the precise species. But if the thing sought is "separate in nature" from that of which it is sought, then we have a question *ponens in numerum*. This is the case when we ask about the inherence of the proper attribute in the subject. If we ask only about the fact of inherence, this is the *quaestio quia est*; if about the cause of inherence, *quaestio propter quid est* (ibid.).

In answering Questions 9 and 10, Burley primarily uses the second schema (10.10-29) which says that all the questions are about the proper attribute. However, he provides an alternative set of replies to the objections using the first schema, which claims that *quid est* and *si est* are questions about the subject, not the proper attribute (10.30-36). Further, he explains that *quid est* is a question *non ponens in numerum*, using two different theories about this third schema (10.20-22).

Question 9 asks whether *quid est* is a question pertaining to demonstration, and Question 10 asks the same about *si est*. Walter Burley is able to silence all the following objections to their demonstrative function in a single *responsio*, by proposing that they are both questions about the *passio* and not the *subiectum* (10.10-15): first, that all questions are about something 'dubitable', but neither the *esse* (10.04, 10.06) nor the quiddity of a thing (9.07) are doubtful; second, that questions ask whether one thing is related to another, but a thing's quiddity (9.08) or its being (10.01-03) are not 'other' than it; third, that neither quiddity (9.05) nor being (10.05) is demonstrable of a thing.

g. The Middle

Whether the definition of the subject or that of the property is the middle term in a demonstration is the eleventh question considered by Walter Burley. In it he discusses and rejects the position of Giles of Rome. Giles and perhaps others, identified first only as *aliqui* (11.33), hold that it is the definition of the property which is the middle term in a demonstrative syllogism. They defend this position with both "authority and arguments" (ibid). Aristotle, in his discussion of why all questions are questions of the middle, "seems to say," in the words of Thomas Aquinas, "that the definition of a proper attribute is the middle in demonstration."[92]

What Aristotle says explicitly is that in the case of properties the *quid*

---

[92] *Exp. lib. Post.* II, lect 1, p. 177, ll. 250-290.

and the *propter quid* are the same.[93] Now the *propter quid* expresses the cause of the property's inherence in the subject, and the cause and the middle are the same. Therefore, the middle term of the syllogism, which concludes the property of the subject, is the term which expresses the *quid* of the property, namely the definition of the property.

To explain their position, those who hold that the definition of the property is the middle in demonstration, distinguish three types of property. First, that which inheres *per se* in the subject in such a way that the proposition in which it is predicated of the subject is *per se nota, notis terminis*. In other words, the properties which form the predicates of common first principles, "the whole is greater than its part," etc., are properties *primo modo dictae* (11.33).

The second type of property inheres *per se* in a subject of determinate genus; and the proposition in which it is predicated of its subject is *per se nota* in this genus. So the *passio secundo modo dicta* is the predicate of the proper principles of a science, such as "parallel lines do not intersect," etc. (11.34).

Finally, there are properties whose inherence in their subject is not *per se nota*. And the propositions in which these are predicated of their subjects are the conclusions of the special sciences, e.g., "triangles have angles equal to two right angles."

The three types of properties having been distinguished from each other, an order is posited among them such that "one property is able to be concluded through another" (11.35). A property of the third type, then, can be demonstrated of its subject through a property of the second type. For example, the property of "having three angles equal to two right angles" is concluded of "triangle" through the non-intersection of parallel lines, a property of the second type. These properties are further dependent "upon the proposition in which a property of the first type is predicated of its subject" (ibid.). With this explanation of the interdependence of different levels of properties, the followers of Giles of Rome have presented a coherent picture of the scientific procedure without involving the definition of the subject term.

The final argument of those who hold the definition of the property is the middle in demonstration is that this structure reflects the reality of things. The quiddity of a substance is less well known than its properties. Therefore, in demonstration, the definition of the subject, which expresses its quiddity, will be less known that the definition of its property. But if the definition of the subject is the middle term, then the inherence of the

---

[93] *APo* II.1, 90a5-15; see also B8, 93a31-3.

property will be demonstrated through what is less known than itself, which is impossible.

Walter Burley's reply to this position differentiates between the two types of demonstration outlined by Aristotle.[94] In *demonstratio quia*, which proves "the fact," the definition of the property may function as the middle term. But in a *demonstratio propter quid*, which proves through "the reason why," only the definition of the subject may be the middle term. The reason for this is the requirement that *propter quid* demonstration proceed through immediate propositions. The predication of the definition of a property of its subject, however, is never immediate, since it is through some element in the subject that the property is caused to inhere in the subject (11.38). Take, for example, the demonstration of the roundness of the earth:[95]

> Whatever casts a curved shadow is round.
> The earth casts a curve shadow.
> The earth, therefore, is round.

The middle term in this demonstration is the description of a property "casts a curved shadow." It is predicated of "earth" in the minor, not immediately, but in virtue of some element in the definition of "earth," which is the cause. This element can only be "round body." By converting the demonstration of the fact that the earth is round into a demonstration *propter quid*, the mediacy of the predication is evident.

> Round bodies cast curved shadows.
> The earth is a round body
> The earth, therefore, casts a curved shadow.

It is the shape of the earth which causes the inherence of its property "casting a curved shadow." Thus, because the predication of the definition of a property of its subject term is always mediate, it can never function as middle term in the "strongest demonstrations" (11.39).

The last question in Walter Burley's *Quaestiones Super Librum Posteriorum* asks "Whether every question is a question of the middle." In arguing the affirmative, Burley uses an example from Aristotle which illustrates the relation between the 'middle' or cause and scientific questioning.

---

[94] *APo* I.13, 78a22-3.

[95] Cf. Aristotle, *De caelo*, in *Aristotelis Opera* I, ed. Academia Regina Borussica ex recensione I. Bekkeri (1831; rpt. Berlin: W. De Gruyter, 1960) II, 297b20-30.

> That the search is for the middle term is shown by those cases in which the middle is perceptible. If we have not perceived the middle term, we seek it: e.g., we seek if there is a middle term for the eclipse or not. But if we were on the moon we would seek neither if there were an eclipse nor why there is: rather, these things would be plain at the same time.[96]

The middle term which unites the subject 'moon' with the predicate 'eclipsed' is 'screened by the earth'. When we see the screening, we have answered our question. All scientific questions, those which can be answered through demonstrative syllogisms, are questions about the middle term. However, they do not all have the same relation to the middle term. *Quia est* and *si est* ask 'whether in this case there is a middle' and *quid est* and *propter quid est* ask 'what is the middle'. Burley puts it in this way: *quia est* and *si est* "seek a middle" to answer their own question; *quid est* and *propter quid est* to answer other questions. This answers the objection that the *quid* or essence cannot be something questioned, because it cannot be demonstrated.

---

[96] *APo* II.2, 90a24-8; Barnes, 49.

Quaestiones super
librum Posteriorum
datae a domino
Waltero de Burley

⟨Quaestiones⟩

⟨I⟩

⟨C⟩irca istum librum primo quaeratur: an mere logicus possit facere demonstrationem ex principiis propriis. Deinde: an aliquis sit syllogismus demonstrativus. Et tertio, supposito quod posset facere demonstrationem ex principiis propriis et quod aliquis sit syllogimus demonstrativus, quaeratur tunc: an de illo posset esse scientia.

⟨II⟩

Circa secundum ⟨q⟩uaeratur: an aliquis sit syllogismus demonstrativus.

⟨III⟩

Circa istam litteram ⟨q⟩uaeratur utrum aliquis posset acquirere aliquam scientiam de novo.

⟨IV⟩

⟨Q⟩uaeratur utrum homo possit per suas potentias naturales absque illustratione agentis superioris devenire in cognitionem cuiuslibet conclusionis in demonstratione?

⟨V⟩

⟨Q⟩uaeratur utrum omnis demonstratio sit syllogismus faciens scire.

⟨VI⟩

⟨Q⟩uaeratur utrum ad scientiam proprie dictam requiratur cognitio omnium causarum?

⟨VII⟩

Rationale per se est animal.
⟨Q⟩ueratur de veritate, et hoc est quaerere utrum propositio sit per se vera in qua praedicatur genus de differentia.

⟨VIII⟩

⟨C⟩irca istud quaeratur utrum quaeribilia et vere scibilia sint eadem numero.

⟨IX⟩

⟨Q⟩uaeratur utrum quaestio quid est sit quaestio pertinens ad demonstratorem.

⟨X⟩

Iuxta istud quaeratur utrum quaestio si est sit quaestio pertinens ad demonstratorem.

⟨XI⟩

⟨Q⟩uaeratur utrum ad concludendum passionem de subiecto sit definitio subiecti medium vel definitio passionis.

⟨XII⟩

⟨Q⟩uaeratur utrum omnis quaestio sit quaestio medii.

Omnis Doctrina et Omnis Disciplina et caetera

⟨C⟩irca istum librum primo quaeratur: an mere logicus // possit facere demonstrationem ex principiis propriis. Deinde: an aliquis sit syllogismus demonstrativus. Et tertio, supposito quod posset facere demonstrationem ex principiis propriis et quod aliquis sit syllogimus demonstrativus, quaeratur tunc: an de illo posset esse scientia.

⟨Quaestio I⟩

⟨1⟩

1.01 De primo videtur quod mere logicus non possit facere demonstrationem ex principiis propriis, quia definitio est medium in demonstratione. Mere logicus non habet definire, quia, si sic, mere logicus haberet considerare rem in eo quod quid. Consequens falsum, quia haec est consideratio ipsius metaphysici. Consequentia patet, quia definitio indicat quidditatem rei; ergo, si habeat definire, habet considerare rem in eo quod quid. Consequens falsum, ergo mere logicus non habet definire. Si sic, ergo non potest facere demonstrationem ex principiis propriis.

1.02 Praeterea, si mere logicus habeat definire aliquid, cum metaphysicus habeat definire illud idem, quaero tunc: aut est eadem definitio data a logico et a // metaphysico aut alia. Si eadem, contra: ostendunt diversas passiones de re definita ab illis; ergo per diversa media; sed definitio est medium, ergo per diversas definitiones. Consequentia patet, quia diversi effectus habent diversas causas immediatas; ergo non est eadem definitio.

1.03 Si una sit diversa ab alia, quaero tunc de illo in quo una definitio differt ab alia: aut illud est fictitium intellectus, aut praesupponitur intellec-

---

1-2 omnis...primo] *om.* G   2 possit] posset G   6 tunc] *om.* C
1 possit] posset G   4 in] *om.* C   5 ipsius metaphysici] ipsius *om.* metaphysici ? C   6 in] *om.* C   7 Si sic, ergo] et per consequens G   9 Praeterea] propterea *hic et ubique* G | habeat] habet G 12 sed] et C   16 alia] alio G

1 Omnis...caetera: *Apo* I.1, 71a; *AL*, p. 5, ll. 3-4.

tui. Primum non est dandum, certum est, nec secundum, quia tunc illae duae definitiones differrent per aliquid quod non dependet ab anima; et cum definitio sit primo eadem definito, sequitur quod definitum differret a se ipso per aliquid quod non dependet ab anima, quia quidquid est in definitione est in definito.

1.04 Praeterea, si definitiones differant per aliquid quod non dependet ab anima, cum definitiones primo sint eaedem definito, sequitur quod idem differat quidditative a se ipso.

1.05 Praeterea, si istae definitiones differant per aliquam rem extra animam, sit A illa res per quam una definitio differt ab alia; sed quidquid est in definitione est in definito; ergo A est in definito. Et similiter, quidquid est in definito est in definitione; ergo A est in utraque definitione. Si sic, ergo per A una definitio non differt ab alia.

1.06 Huic dicitur quod mere logicus non potest facere demonstrationem ex principiis propriis, quia non habet propriam definitionem. Nam mere logicus nihil potest definire, immo suam definitionem capit a metaphysico.

1.07 Contra istud: metaphysica praesupponit logicam; ergo logicus non capit medium suum a metaphysico, quia logica in illo priori est scientia; ergo habet principia; ergo non capit definitionem a metaphysico. Similiter, ex quo praesupponitur a metaphysico, ergo logica non dependet a metaphysica, quia scientia prior non dependet a posteriori. Si sic, ergo nec principia logicae dependent a metaphysica.

1.08 Praeterea, videtur quod mere logicus non capit definitionem a metaphysico, quia metaphysicus non habet definire rem de qua considerat logicus, quia metaphysicus non habet definire rem nisi quae cadit sub sua consideratione. Sed res de qua considerat logicus non cadit sub consideratione metaphysici, quia logicus considerat de ente vero. Sed Philosophus in sexto *Metaphysicae* excludit ens verum a sua consideratione; ergo non considerat de ente vero. Si sic, ergo non definit rem de qua considerat logicus; ergo logicus non capit medium a metaphysico.

---

  17 dandum] ? C | certum est] *om.* G   28-29 Si sic, ergo] et per consequens G   29 alia] alio G   30 Huic] *om.* G   32 immo] sed G   33 istud] *om.* G   41 habet definire rem] considerat G | nisi] de illis *add.* G | cadit] cadunt G   43 logicus] *om.* G

  21 Cf. *APo* II.13, 97a23-26; *AL*, p. 95, ll. 14-16.
  44 *Metaph.* VI.4, 1027b29-34.

1.09 Praeterea, logica est una scientia distincta ab aliis scientiis; ergo habet distincta principia et propria. Si sic, ergo mere logicus potest facere demonstrationem ex principiis propriis.

1.10 Praeterea, si mere logicus non habeat definire, ergo mere logicus non posset habere scientiam demonstrativam. Consequens est falsum. Consequentia patet, quia si posset habere scientiam demonstrativam, posset facere demonstrationem; sed si faciat demonstrationem, oportet ipsum definire, cum definitio sit medium; ergo erit metaphysicus, et per consequens, non erit mere logicus.

1.11 Ideo dicitur aliter quod mere logicus potest facere demonstrationem ex principiis propriis; et dicitur quod mere logicus potest definire rem de qua considerat, et metaphysicus illam rem non potest definire, // quia excludit ens verum a sua consideratione.

1.12 Contra istud: si mere logicus habeat definire, ergo habet considerare rem in eo quod quid. Consequens est falsum. Consequentia patet, quia definitio indicat quod quid rei.

1.13 Praeterea, per Philosophum metaphysicus et logicus circa idem laborant; ergo metaphysicus non excludit illa a sua consideratione de quibus determinat logicus. Similiter, si metaphysicus et logicus circa idem laborant, ergo habent definire idem. Si sic, ergo eiusdem rei erunt plures definitiones, et sic adhuc manet difficultas principalis.

1.14 Praeterea, videtur quod Philosophus non excludit ens verum a sua consideratione, quia in quarto *Metaphysicae* considerat de ente vero: nam ibi considerat de primo principio, videlicet 'de quolibet affirmatio vel negatio', et investigat ibi eius conditiones. Et per consequens, ibi determinat de ente vero; ergo non excludit ens verum a sua consideratione.

1.15 Et ideo, dicitur aliter quod mere logicus potest definire rem de qua considerat et metaphysicus considerat illam eandem rem de qua considerat

---

51 posset] potest G | est] *om.* G   57 mere logicus] *om.* G   60 istud] *om.* G   61 in] *om.* C. | est] *om.* G   67 adhuc] *om.* G   69 considerat] *om.* G   70 videlicet] scilicet G   71 ibi] *om.* G   74 et] *om.* C

48 Cf. Scotus, *Super Porphyrii* q. 1, pp. 51-52. Albertus Magnus, *De praedicab.* I.1, tr. 1, pp. 1-2.
63 *Metaph.* IV.2, 1004b18-26.
69 Ibid., 3-8; 1005a19ff.

logicus, quia per Philosophum circa idem laborant. Sed metaphysicus illam rem non habet definire, quia non pertinet ad metaphysicum considerare de singulis quidditatibus singulorum entium, sed hoc magis pertinet ad scientias speciales. Unde metaphysicus non habet definire illam rem, sed habet considerare illam rem inquantum ens est. Et haec est consideratio ipsius metaphysici; nam metaphysicus non habet definire ista entia specialia, sed habet considerare ista entia eo quod entia sunt.

1.16 Contra istud: ex ista responsione sequitur istud inconveniens, quod consideratio ipsius metaphysici sit imperfectissima consideratio, cum tamen sit perfectissima inter omnes considerationes. Assumptum patet, quia imperfectissima consideratio de aliquo est de eo inquantum est ens, quia imperfectissima cognitio de aliquo est cognoscere ipsum inquantum ens, nam nisi aliquis cognoscat de aliquo quod sit ens, nullam cognitionem haberet de eo; ergo imperfectissima cognitio de aliquo est cognoscere quod sit ens. Si sic, ergo imperfectissima consideratio est de aliquo in eo quod ens.

1.17 Ideo dicitur aliter quod // mere logicus potest facere demonstrationem ex principiis propriis, et quod mere logicus habet definire rem de qua considerat, et similiter, metaphysicus illam eandem rem potest definire. Sed alia erit definitio data a metaphysico et a logico, nam metaphysicus definit rem in eo quod quid, et logicus definit rem de qua considerat sub aliqua intentione secunda; et ita alia est definitio unius et alterius.

1.18 Contra istud: si utraque sit vera definitio rei, ergo per utramque definitionem convenienter potest responderi ad quaestionem factam per quid. Consequens est falsum, quia una quaestio uno modo habet terminari.

1.19 Praeterea, si una res habeat plures definitiones, tunc si unus homo respondeat per unam definitionem ad quaestionem factam per quid, et alius per aliam definitionem ad eandem quaestionem factam per quid, tunc

---

77 hoc magis] hic G   80 ipsius] ipsi C   81 habet] *om.* G   82 istud] *om.* G | ista] *om.* G   87-88 de eo haberet *tr.* G   88 cognoscere] *om.* G   90 ideo dicitur aliter quod] ? G [corner of *ms.* is damaged]   92 illam] et *add.* G   94 definit...considerat] definire videtur G | aliqua] *om.* G   96 istud] *om.* G   98 est] *om.* G   99 habeat] habet G | homo] *om.* G   101 factam per quid] *om.* G

75 *Metaph.* IV.3-8, 1005a19ff.
84 Cf. *Metaph.* I.2, 983a10-11.
88 Cf. *APo* II.10, 93b32-33; *AL*, p. 83, ll. 20-21.
97 Ibid. II.2, 89b36ff; *AL*, p. 69, l. 16ff.

uterque bene responderet. Et per consequens, per plures responsiones et diversas bene potest responderi ad unam quaestionem factam per quid, quod est inconveniens, quia una quaestio determinata et certa quaerit certam responsionem et determinatam. Et per consequens, ad unam quaestionem non potest responderi simul et semel per diversas responsiones, et hoc convenienter.

1.20 Praeterea, si una res haberet duas definitiones et diversas, tunc una definitio differret ab alia. Capio illud in quo una differt ab alia: sit illud A. A non est causatum ab intellectu, certum est, sed est praesuppositum intellectui; ergo A est aliquid ipsius rei significatae per definitionem. Sed eadem est res significata per definitionem et definitum. Si ergo una res habeat duas definitiones, cum eadem sit res significata per definitum et definitionem, et econverso, ergo eadem res erit significata per unam definitionem et aliam. Sed A est aliquid ipsius rei significatae per unam definitionem; ergo erit aliquid ipsius rei significatae per aliam definitionem, // quia eadem est res significata per unam definitionem et per aliam. Si sic, ergo per A una definitio non differt ab alia.

1.21 Item, sit B definitum; sit C una definitio, et sit D alia definitio; sit A illud per quod C differt a D. Cum ergo A sit aliquid ipsius rei significatae per C, arguo tunc sic: quidquid est in C est in B, quia quidquid est in definitione est in definito, nam eadem est res significata per unum et per aliud; sed si quidquid sit in C est in B, sed A est in C; ergo A est in B. Et ultra, quidquid est in B est in D, quia quidquid est in definito est in definitione; et ultra, ergo A est in D; sed si A sit in D et A est in C; ergo C non differt a D per A.

1.22 Praeterea, si sint plures definitiones, erunt plura definita, quia definitio est primo idem definito.

1.23 Praeterea, videtur quod metaphysicus non habeat definire rem de qua considerat logicus propter rationem prius factam, quia metaphysicus non habet definire nisi rem quae cadit sub sua consideratione; sed res de qua considerat logicus non cadit sub sua consideratione, quia logicus considerat de ente vero, et Philosophus excludit ens verum a sua consideratione; ergo metaphysicus non habet definire rem de qua considerat logicus.

---

103 bene] *om.* G   104 inconveniens] falsum G   105 et determinatam] *om.* G   114 erit res *tr.* G   115 est] *iter.* G   117 per unam et per aliam definitionem *tr.* G | Si sic] *om.* G   118 una definitio non differt ab alia per A *tr.* G   121 tunc] *om.* G   123 sit] est G | sed²] *om.* C | A²] *om.* G. | in⁴] *om.* C   127 erunt] ergo G   129 habeat] habet G

132 *Metaph.* VI.4, 1027b29-34.

⟨2⟩

1.24 Aliud principale: logicus est artifex communis; ergo debet uti terminis communibus; et per consequens, non potest facere demonstrationem ex principiis propriis, quia omnis demonstratio facta ex principiis propriis est demonstratio singularis, et est demonstratio facta in terminis specialibus. Et talis demonstratio non pertinet ad logicum, cum sit artifex communis, et per consequens, logicus non potest facere demonstrationem ex principiis propriis.

⟨3⟩

1.25 Praeterea, aliud principale: si mere logicus posset facere demonstrationem ex principiis propriis, ergo mere logicus potest habere scientiam demonstrativam. Consequens est falsum, quia mere logicus considerat de modo sciendi et de via ad scientiam; sed modus sciendi differt a scientia.

⟨Ad oppositum⟩

1.26 Ad oppositum: logica est una scientia distincta ab aliis scientiis; ergo habet principia propria et distincta; et per consequens, mere logicus potest facere demonstrationem ex principiis propriis.

1.27 Praeterea, mere logicus habet propriam passionem et proprium subiectum et propriam definitionem, et ista principia sufficiunt ad demonstrationem; ergo mere logicus potest facere demonstrationem ex principiis propriis. Quod logicus habeat propriam definitionem patet, quia aliter oportet concedere quod logicus capiat definitionem a metaphysico. Consequens falsum, cum quia metaphysicus praesupponit logicum, tum quia metaphysicus non habet definire rem de qua considerat logicus, quia excludit illud a sua consideratione, nam metaphysicus excludit ens verum a sua consideratione.

142 aliud principale] *om.* G   144 est] *om.* G   150 ista] ita G   151-52 propriis principiis *tr.* G   152 habeat] habet G

135 Cf. Scotus, *Super Porphyrii* qq. 1-2, pp. 51-52, 66. Albertus Magnus, *De praedicab.* I.1, tr. 1, pp. 1-2.
145 Cf. Averroes, *In lib. Met.* II.3, t.c. 15, f. 35vG. Scotus, *Super Porphyrii*, q. 1, pp. 51-52. Albertus Magnus, *De praedicab.* I.2, tr. 1, pp. 2-5. Aquinas, *In lib. Met.* IV, lect. 4, nn. 576-577, p. 161.
146 Cf. Scotus, *Super Porphyrii*, q. 1, pp. 51-52. Albertus Magnus, *De praedicab.* I.1, tr. 1, pp. 1-2.
157 The *responsio* and *ad argumenta* for Q.1 are found at 2.22.

⟨Quaestio II⟩

Circa secundum ⟨q⟩uaeratur: an aliquis sit syllogismus demonstrativus.

⟨1⟩

2.01 Quod non videtur, quia si sic, hoc maxime videtur quod iste syllogismus 'omne animal rationale est risibile; omnis homo est animal rationale; ergo omnis homo est risibilis' sit syllogismus demonstrativus. Sed hoc est falsum, quia in syllogismo demonstrativo, et hoc in demonstratione potissima, praemissae sunt notiores conclusione; sed in isto syllogismo praemissae non sunt notiores conclusione, quia ista maior 'omne animal rationale est risibile' non est notior ista conclusione 'omnis homo est risibilis'.

2.02 Assumptum patet, quia ista notioritas aut est ex parte vocis, aut ex parte intellectus, aut ex parte rei. Non ex parte vocis certum est, quia una vox non est notior alia; nec ex parte intellectus, ut satis patet; nec ex parte rei, quia eadem est res significata per definitionem et definitum, et eadem res // non est notior se ipsa. Ergo ista maior 'omne animal rationale est risibile' non est notior in re quam ista conclusio 'omnis homo est risibilis' quia realiter sunt eadem.

2.03 Dicitur huic rationi quod ista maior notioritas est ex parte rei. Et quando arquitur 'eadem est res significata per definitionem et definitum', dicitur quod est eadem res sub tamen alia ratione et alia consideratione reali accepta; unde non est inconveniens quod eadem res sub una consideratione sit notior se ipsa sub alia consideratione.

2.04 Contra istud: quaero de illa consideratione sive de illa ratione reali, aut est ex parte rei aut ex parte intellectus. Non est ex parte intellectus, certum est. Si sit ex parte rei, cum eadem sit res significata per definitionem et definitum, sequetur quod eadem res erit notior se ipsa, quod est inconveniens.

---

1 an...syllogismus] ⟨q⟩ueratur utrum sit aliquis syllogismus G   4 omnis... risibilis] et caetera G   6-7 praemissae] praedictae C   10 intellectus] G is torn across 3 lines at this point; 'intellectus', 'non est' and 'quia eadem est' are not read   11 satis] *om.* G   13-14 rationale est risibile] et caetera G   14 conclusio] *om.* G   15 sunt realiter *tr.* G   16 huic rationi] *om.* G | notioritas] ? G   17 arguitur] dicitur G   18 eadem est res tamen sub *tr.* G   20 consideratione] ratione G   21 istud] *om.* G   22 est²] *om.* G   23 cum] non C   24 sequetur] sequitur G | erit] sit G   25 inconveniens] falsum G

6 *APo* I.2, 71b20-22; *AL*, p. 7, ll. 16-18.

2.05 Praeterea, si illa ratio sit ratio realis extra animam, cum quidquid reale quod est in definitione est in definito, // sequeretur quod illa ratio realis erit in definitione et in re significata per definitionem; ergo illa ratio realis est in re significata per definitum. Si sic, ergo ex parte rei ista 'omne animal rationale est risibile' non est notior ista 'omnis homo est risiblis'.

2.06 Praeterea, videtur quod conceditur unum falsum, quod eadem est res significata per definitionem et definitum, nam alia est res significata per definitum et definitionem, quia aliae sunt partes. Nam aliae partes sunt definiti, sicut materia et forma, et partes definitionis, genus et differentia; et istae sunt diversae partes; ergo alia est res significata per definitionem et definitum.

2.07 Praeterea, videtur quod ista 'omne animal rationale est risibile' non sit notior ista 'omnis homo est risibilis' ex parte rei, quia si sic, haec esset vera 'aliqua res significata per definitionem est notior re significata per definitum'. Et tamen haec est falsa, quia ex ista cum quodam vero sequitur falsum, sic arguendo in tertia figura: 'aliqua res significata per definitionem est notior re significata per definitum; omnis res significata per definitionem est res significata per definitum; ergo res significata per definitum est notior re significata per definitum'. Conclusio est falsa et minor vera, quia eadem est res significata per definitionem et definitum; ergo maior falsa.

⟨2⟩

2.08 Aliud principale: si aliquis sit syllogismus demonstrativus, hoc maxime videtur in istis terminis, ut prius: 'omne animal rationale est risibile; omnis homo est animal rationale; ergo omnis homo est risibilis'. Sed iste syllogismus non est syllogismus demonstrativus, quia per Philosophum in principio *Posteriorum* demonstratio est ex primis et veris et immediatis, et caetera; sed iste syllogismus non est ex immediatis; ergo non est syllogismus demonstrativus.

---

27 quod¹] *om.* G | sequeretur] sequitur G   28 erit] sit G | definitione] definito MSS | definitionem] definitum MSS   33 definitionem et definitum *tr.* G   33-34 aliae...sicut] partes definiti sunt G   34 et²] *om.* C   38 esset] erit G   40 ista] isto G   44 est...vera] falsa et non minor G   48 ut prius] *om.* G | omnis] *om.* G   49 omnis...risibilis] et caetera G   50-51 principio] primo G   51 et veris] *om.* G   52 est²] *om.* G

51 *APo* I.2, 71b20-22; *AL,* p. 7, ll. 16-17.

2.09 Assumptum patet, nam haec non est immediata 'omnis homo est animal rationale', quia haec definitio 'animal rationale' potest ostendi per medium de homine; nam definitio imperfectior potest ostendi de definito per definitionem perfectiorem, quia definitio materialis potest ostendi de definito per definitionem formalem. Sed nunc est ita quod aliqua est definitio hominis perfectior ista 'animal rationale', quia definitio data ab omnibus quatuor causis perfectior est quam definitio data a causa materiali et formali.

2.10 Capio nunc aliquam definitionem hominis datam ab omnibus quatuor causis: sit illa definitio A. Hic tunc est demonstratio: 'omne A est animal rationale; omnis homo est A; ergo omnis homo est animal rationale'. Si sic, ergo haec conclusio non est immediata, sed mediata, quia conclusio in demonstratione est mediata.

2.11 Quod illa definitio data ab omnibus quatuor causis sit perfectior quam definitio data solum a causa formali et materiali patet, quia illa est perfectior definitio quae ducit in perfectiorem cognitionem, et illa est perfectissima definitio quae ducit in perfectissimam cognitionem; sed definitio data ab omnibus quatuor causis ducit nos in perfectiorem cognitionem rei quam definitio data solum a duabus causis; ergo definitio data ab omnibus quatuor causis perfectior erit quam definitio data a causa materiali et formali solum. Si sic, ergo A erit perfectior definitio hominis quam 'animal rationale'; et per consequens, 'animal rationale' potest ostendi de homine per A tamquam per medium, quia definitio imperfectior potest ostendi de definito per definitionem perfectiorem.

⟨3⟩

2.12 Aliud principale: si aliquis esset syllogismus demonstrativus, tunc oportet quod ille syllogismus sit demonstrativus ubi concluditur passio de

---

54 nam] *om.* G   55 rationale¹] rationalis C *om.* G   55-56 de homine per medium *tr.* G   57 perfectiorem] perfectam G   59 perfectior hominis *tr.* G   61 et] *om.* C   62 nunc] tunc G   63 illa] *om.* G | hic] haec G   63-64 omne animal rationale est A *tr.* C   64 omnis...A] *om.* C | omnis...rationale] et caetera G   65 sed mediata] *inser.* C   67 quatuor] *om.* C   68 solum data *tr.* G | materiali et formali *tr.* G   72 duabus] ? G   74 solum] *om.* G   76 ostendi] *om.* G

58 Cf. *APo* I.2, 71b16-22; *AL*, p. 7, ll. 12-18. Aquinas, *Exp. Lib. Post.* I, lect. 4, p. 18, ll. 40-51; II, lect. 7, p. 198, ll. 69-87; II, lect. 8, p. 202, ll. 48-61. Vide infra, 11.32.

suo proprio subiecto. Sed nunc est ita quod nullum subiectum habet passionem, quia nulla species in genere substantiae habet passionem. Nam si aliqua species haberet passionem, sit illa species species hominis. Homo tunc habet passionem, sua passio est risibilitas; sed risibilitas est quaedam species in genere qualitatis; ergo habet passionem. Quaerendum est de sua passione. Sua passio est ens reale et ens per se; ergo est in aliquo genere. Non in genere qualitatis, quia passio et subiectum sunt alterius generis; nec est in genere quantitatis, et sic de aliis generibus, quia certum est quod passio risiblitatis non est in alio genere, ut satis patet inductione.

2.13 Dicitur huic quod passio risibilitatis est in eodem genere in quo est risibilitas. Unde istud habet intelligi, quod subiectum et passio sunt alterius generis, solum de substantia et de passionibus eius; sed in aliis generibus bene potest subiectum et passio esse in eodem genere.

2.14 Contra istud: si risibilitas et sua propria passio sint in eodem genere, sit sua propria passio A. Si A sit in genere qualitatis, aut A est individuum, aut species, aut genus, aut differentia. Non individuum, quia individuum in aliquo genere non est propria passio alicuius speciei illius generis. Si sit species, aut ergo est species disparata a risibilitate, aut est species ordinata. Si sit species disparata, ergo non est propria passio eius, quia una species disparata ab alia eiusdem // generis non est // passio illius speciei, quia passio praedicatur de eo cuius est; sed una species disparata ab alia eiusdem generis non praedicatur de eo. Si sit species ordinata, ergo unum per se includit aliud, et essentialiter. Si sic, ergo non est eius passio, quia passio non est de essentia illius cuius est. Nec est genus, quia aut est genus separatum aut genus ordinatum. Si genus ordinatum, non erit eius passio. Si sit genus separatum non erit eius passio, quia non praedicatur de eo. Nec est differentia in genere qualitatis propter eandem rationem. Ergo videtur quod illa passio non sit in aliquo genere. Ideo dicitur quod risibilitas non habet passionem.

2.15 Contra istud: risibilitas est ita per se species in genere qualitatis, et ita est per se species, sicut triangulus; ergo eadem ratione qua una species

---

80 suo] *om.* G   81-82 si...passionem] si sic C   89 huic] *om.* G   93 istud] *om.* G   97 est[1]] *om.* G | est species[2]] *om.* G   98 sit...disparata] primo modo G   99 speciei] species G   101 sit...ordinata] secundo modo G   102 eius] om. G   104 genus[1]] *om.* G | genus[2]] *om.* G   105 sit genus] *om.* G   106 in...qualitatis] *om.* G   109 istud] *om.* G   110 est] *om.* G

80 Cf. *APo* I.7, 75a39-75b; *AL*, p. 19, ll. 20-24.
84 Cf. Ps.-Scotus, *Super lib. Post.*, q. 27, pp. 275-276.

habet passionem, et alia habebit; ergo eadem ratione qua triangulus habet passionem, et risibilitas habebit.

2.16 Praeterea, ista propositio videtur manifesta, quod quaelibet species quae per se est in genere habet passionem; cum ergo risibilitas sit per se species in genere qualitatis, ergo risibilitas habebit passionem. Ideo dicitur quod risibilitas habet passionem et quod sua passio non est in genere nisi per reductionem.

2.17 Contra: Sit sua passio A sicut prius. A est ens reale extra animam, quia est passio speciei realis, et non est ens per accidens, quia tunc non esset passio alicuius speciei; ergo est ens per se. Si sit ens per se et non est substantia, nec quantitas, nec relatio et sic de aliis praedicamentis aliis a qualitate, ergo A est qualitas et in genere qualitatis, aut per se aut per reductionem. Si per se, habetur propositum. Si per reductionem, ergo habet reduci ad aliquam speciem in genere qualitatis; aut ergo ad risibilitatem aut ad aliam speciem. Non ad aliam speciem certum est, nec ad risibilitatem, quia passio non habet reduci ad speciem cuius est passio.

⟨4⟩

2.18 Aliud principale: si aliquis esset syllogismus demonstrativus, aut ergo componeretur ex vocibus, aut ex conceptibus, aut ex rebus. Non ex vocibus, quia demonstratio est ex perpetuis et ex necessariis; sed si componeretur ex vocibus, ponatur quod nulla vox esset, non esset demonstratio. Nec ex conceptibus, quia aut ex conceptibus meis aut ex conceptibus tuis, nam omnis conceptus est meus vel tuus vel suus, et sic de singulis. Non componitur ex conceptibus meis, quia tunc demonstratio non esset ex necessariis. Similiter, tunc demonstratio non erit ex partibus orationis, quia conceptus non est pars orationis, nam pars orationis significat mentis conceptum. Nec componitur ex rebus, quia componitur ex propositionibus et ex partibus orationis. Sed nunc est ita quod propositio non componitur ex rebus, quia tunc ista propositio: 'cauda leonis est caput draconis' esset chimera; nec

---

111 ergo eadem ratione qua] cum ergo G   113 ista...manifesta] videtur G
122 qualitate] praedicamento qualitatis G   125 speciem...est] om. G   129 ex²] om.
C   131 ex conceptibus³] om. G   132 suus et] om. G | singulis] aliis G   133
esset] erit G   137 orationis] om. C

112 Cf. Ps.-Scotus, *Super lib. Post.*, q. 27, pp. 275-276.
118 Vide supra, 2.14.
129 *APo* I.30-31, 87b19-34; *AL*, pp. 61-62, ll. 18-7.

componeretur ex partibus orationis, quia res extra, sicut equus vel bos, non est pars orationis.

2.19 Praeterea, si demonstratio componatur ex rebus, syllogismus demonstrativus esset ens extra animam. Consequens falsum, quia est ens verum, et ens verum est ens in anima.

2.20 Praeterea, si componeretur ex rebus, haec non erit demonstratio: 'omne animal rationale est risibile; omnis homo est animal rationale; ergo et caetera' quia demonstratio est ex notioribus et prioribus. Sed ista maior 'omne animal rationale est risibile' ex parte rei non est notior quam ista conclusio 'omnis homo est risibilis', quia eadem est res significata per unam et per aliam.

⟨Ad oppositum⟩

2.21 Ad oppositum: quod aliquis sit syllogismus demonstrativus patet, nam syllogismus demonstrativus est quando concluditur propria passio de proprio subiecto per definitionem tamquam per medium; sic est hic 'omne animal rationale est risibile; omnis homo est animal rationale; ergo et caetera'; ergo est syllogismus demonstrativus. Et per consequens, si iste syllogismus sit syllogismus demonstrativus, ergo aliquis syllogismus est syllogismus demonstrativus.

⟨Responsio Quaestionis I⟩

2.22 Ad primam quaestionem dicendum quod mere logicus potest facere demonstrationem ex principiis propriis, quia logica est una scientia distincta ab aliis scientiis; ergo habet distincta principia et propria principia. Si sic, ergo mere logicus habet propria principia quae sufficiunt ad demonstrationem; sic ergo mere logicus potest facere demonstrationem ex principiis propriis. Per hoc ad rationes.

---

139 componeretur] componitur G | equus vel] homo et G   141 componatur] componitur G   143 ens] *om.* C   144 componeretur] componitur G | haec...demonstratio] *om.* C   145 rationale ergo] *om.* G   147 non] *om.* G   149 per] *om.* C   150 syllogismus demonstrativus sit *tr.* G   153 animal...ergo] *om.* G   154-56 Et...demonstrativus] *om.* G   157 Ad] *iter.* G   159-60 Si sic, ergo] et per consequens G   161 sic] *om.* G

146 *APo* I.2, 71b20-22; *AL*, p. 7, ll. 16-18.
152 Cf. ibid. II.2, 89b35-90a2; *AL*, pp. 69-70, ll. 16-7.

⟨Ad 1⟩

2.23 Ad primam rationem quando arguitur 'si logicus posset facere demonstrationem ex principiis propriis, ergo logicus haberet definire', dicendum concedendo conclusionem quod logicus potest definire rem de qua considerat. Et dicitur quod si metaphysicus habeat definire illam rem, quod alia erit definitio data a metaphysico et a logico, et aliud erit definitum; nam metaphysicus definit illam rem inquantum quid est, sed logicus illam definit sub aliqua intentione secunda. Per hoc dicitur ad argumenta in contrarium.

2.24 Quando arguitur 'si mere logicus habeat definire rem, ergo habet considerare rem in eo quod quid', dicitur negando istam consequentiam, quia consideratio in eo quod quid est generalior quam definire. Ideo ista consequentia non valet 'mere logicus habet definire, ergo habet considerare rem in eo quod quid'. //

3vb 2.25 Ad aliud argumentum quando arguitur 'si una res habeat duas definitiones, si utraque sit vera definitio, ergo per utramque potest bene responderi ad quaestionem factam per quid', dicitur huic concedendo istam conclusionem. Et ultra, quando arguitur 'una quaestio quaerit unam responsionem', conceditur, cum hoc tamen stat quod logicus habeat respondere ad ipsam per unam definitionem et per unam responsionem, et metaphysicus per aliam definitionem et aliam responsionem. Unde mere logicus non habet respondere ad illam quaestionem nisi per unam responsionem

2r2 // et determinatam, et metaphysicus per aliam responsionem determinatam; unde una quaestio uno modo debet determinari ab uno, sed bene potest diversimode determinari a diversis. Nec est hoc inconveniens, quod una quaestio determinata determinetur pluribus responsionibus, sicut si quaeratur 'quis currit?', bene respondetur quoniam Socrates currit. Similiter, si alius dicat 'philosophus currit', adhuc bene respondetur. Unde non est inconveniens quod una quaestio quaerens certam responsionem determi-

---

163 Ad] *iter*. G | rationem] *om*. G   164 ex] est C | haberet] habet C   164-65 dicendum...conclusionem] conceditur conclusio G   166 habeat] habet G   167 logico et a metaphysico *tr*. G   176 argumentum] contra G   177-78 responderi bene *tr*. G   178 huic] *om*. G | istam] *om*. G   181 ipsam] illam G   182 per aliam responsionem et aliam definitionem *tr*. G   187 determinata] *om*. G | determinetur] determinatur C   189 philosophus] Plato G   190-91 determinetur] determinatur G

171 Vide supra, 1.01.
176 Vide supra, 1.18-1.19.

netur pluribus responsionibus a diversis, dummodo uterque dat certam responsionem et determinatam.

2.26 Ad aliud in contrarium quando arguitur 'si eiusdem rei sint plures definitiones, erunt plura definita', conceditur. Nam sicut sunt plures definitiones, ita sunt plura definita, quia sicut definitio data a metaphysico est alia a definitione data a logico, ita est aliud definitum, quia illa res sub illa ratione sub qua consideratur a metaphysico est alia ab illa re accepta sub illa ratione sub qua consideratur a logico. Unde metaphysicus definit et considerat illam rem inquantum quid est, et logicus illam rem definit et considerat sub aliqua intentione secunda. Et ita sicut definitiones sunt diversae, ita definita erunt diversa.

2.27 Ad aliud in contrarium quando quaeritur 'aut una definitio est omnino eadem alteri aut est alia', dicendum quod una definitio est alia ab alia. Et quando quaeritur per quid unum differt ab alio, dicendum quod differunt per rationes et considerationes reales quae non dependent ab anima; unde res sub ista ratione formali, sub qua est definitio data a metaphysico, differt ab ista eadem re accepta sub illa ratione formali, sub qua est definitio data a logico.

2.28 Et quando arguitur 'illud reale per quod una definitio differt ab alia, sit illud B. Cum ergo quidquid est in definitione est in definito, et B est in definitione, ergo B est in definito. Et ultra, quidquid est in definito est in definitione, ergo B est in utraque definitione; ergo per B una definitio non differt ab alia'; dicitur huic quod haec est falsa 'quidquid reale est in definitione est in definito', si fiat distinctio pro ratione reali, quia aliqua est ratio realis non dependens ab anima in definitione quae non est in definito. Si tamen sic intelligatur, quod fiat distinctio pro ente reali, ut sic distinguitur contra rationem realem et contra considerationem realem, sub isto intellectu potest concedi quod haec est vera 'quidquid reale est in definitione est in definito'. Sed si tunc sub ⟨isto intellectu⟩ accipiatur B

---

193 in contrarium] contra G   194 conceditur] *om.* C | Nam] quod G   198 sub] *om.* G   199 illam rem²] *om.* G   202 in contrarium] contra G   203 eadem...est¹] est (ae *exp.*) eadem alteri aut G   211 B est] *om.* G   213 huic] *om.* G   216 intelligatur] intelligitur G | sic] *om.* G   219 sub...B] accipitur sub B G

193 Vide supra, 1.22.
200 Cf. Aquinas, *In lib. Met.* IV, lect. 4, n. 574, pp. 160-61.
202 Vide supra, 1.02-1.04.
209 Vide supra, 1.05.

per quod una definitio differt ab alia, tunc minor erit falsa, quia dictum est 220
quod una definitio solum differt ab alia per rationem formalem.

2.29 Aliter dicendum concedendo istam 'quidquid reale est in definitione est in definito'. Et ultra, quando arguitur 'B est in definitione, ergo est in definito', conceditur conclusio. Et ultra, quando arguitur 'quidquid est in definito est in definitione, ergo B est in utraque definitione; conceditur conclusio quod B est in utraque definitione; nam B est in una definitione sicut ratio formalis accipiendi rem significatam per illam definitionem, et est in alia definitione sicut ratio concomitans; unde non est inconveniens quod aliqua duo distinguantur per aliquid quod est in uno formaliter et in alio concomitative. Immo hoc est necessarium, quia aliter res significata per definitionem nullo modo esset alia a re significata per definitum.

2.30 Ad aliud in contrarium, conceditur quod eadem est res significata per unam definitionem et per aliam, accepta tamen sub diversa consideratione et sub alia ratione reali ab anima non dependente, et sub alia ratione formali. Et ista ratio formalis sufficit ad earum distinctionem.

2.31 Ad aliud in contrarium, quando arguitur 'metaphysicus excludit ens verum a sua consideratione de quo determinat logicus, ergo metaphysicus non habet definire ens verum', dicendum est quod metaphysicus sub illa ratione sub qua excludit ens verum a sua consideratione non habet definire ens verum. Unde non excludit ens verum sub quacumque ratione acceptum a sua consideratione, quia in quarto determinat Philosophus de primo principio, quod est ens verum. Similiter, per Philosophum logicus et metaphysicus circa idem laborant, sed ⟨metaphysicus⟩ excludit ens verum a sua consideratione sub ea ratione sub qua considerat logicus ens verum, et sub illa ratione metaphysicus non definit ens verum. Nam // dictum est prius quod etsi logicus et metaphysicus eandem rem possent defi-

---

220 erit] est C   221 solum] *om.* G   222 dicendum] dicitur G   223 est³] *om.* C   224 conceditur conclusio] dicitur concedendo conclusionem G   225-26 conceditur conclusio] dicitur concedendo conclusionem G   226 quod...definitione] *om.* G   232 in contrarium] contra G | est] *om.* C   234 dependente] dependendi C   236 in contrarium] contra G   238 est] *om.* G   244 ea] illa G   246 possent] possunt G

232 Vide supra, 1.20-1.21.
236 Vide supra, 1.06-1.07, 1.23.
241 *Metaph.* IV.3-8 1005a19ff.
242 Ibid. 2, 1004b18-25.
246 Vide supra, 2.27.

nire, hoc tamen est sub alia ratione et sub alia consideratione formali.

⟨Ad 2⟩

2.32 Ad aliud principale dicendum, quando arguitur 'mere logicus est artifex communis, ergo habet uti terminis communibus', dicitur concedendo conclusionem. Unde logicus in isto libro utitur syllogismo demonstrativo, qui communis est et applicabilis ad omnem demonstrationem et ad omnem syllogismum demonstrativum. Et quando arguitur ultra 'omnis demonstratio facta ex principiis propriis est demonstratio singularis', conceditur conclusio. Et quando arguitur ultra 'omnis demonstratio singularis est in terminis specialibus', dicendum quod isti termini speciales sunt, quia specialiter et principaliter ad logicum pertinent; // et isto modo conceditur quod logicus utitur terminis specialibus.

2.33 Nec valet ista consequentia 'demonstratio est singularis, ergo termini sunt singulares', quia syllogismus singularis potest esse in terminis communibus, ut si sic arguatur: 'omne ens est ens vel non ens; aliqua res est ens; ergo aliqua res est ens vel non ens'. Iste syllogismus est singularis, et tamen est in terminis maxime communibus.

⟨Ad 3⟩

2.34 Ad ultimum dicendum, quando arguitur 'mere logicus potest facere demonstrationem ex principiis propriis; ergo mere logicus potest habere scientiam demonstrativam', conceditur conclusio.

2.35 Ad probationem: 'logicus considerat de modo sciendi et de via ad scientiam; ergo non potest habere scientiam', dicitur negando istam consequentiam, quia de modo sciendi potest esse scientia.

⟨Responsio Quaestionis II⟩

2.36 Ad secundam quaestionem dicendum quod aliquis syllogismus est syllogismus demonstrativus, quia syllogismus demonstrativus sive demon-

---

247 alia¹] diversa G | consideratione] ratione G   248 dicendum] *om.* G | mere] *om.* G   251 ad²] *om.* C   253 propriis principiis *tr.* G   256 pertinent] *illeg.* G   259 singularis syllogismus *tr.* C   260 arguatur] arguitur G   263 ultimum] principale *add.* G   265 conceditur conclusio] conclusio est concedenda G   267 istam] *om.* G   269 secundam] alia G

248 Vide supra, 1.24.
263 Vide supra, 1.25.

stratio est quando propria passio concluditur de subiecto per definitionem tamquam per medium. Similiter, per Philosophum in libro *Posteriorum* dicit quod demonstratio est syllogismus faciens scire. Similiter, demonstratio est ex primis et veris et caetera. Sed in isto syllogismo 'omne animal rationale est risibile; omnis homo est animal rationale; ergo et caetera', concluditur propria passio de suo subiecto per definitionem tamquam per medium. Et similiter, iste syllogismus est syllogismus faciens scire et est ex primis et veris et caetera; ergo iste syllogismus est syllogismus demonstrativus, et est syllogimus; ergo aliquis syllogismus est syllogismus demonstrativus. Per hoc ad rationes.

⟨Ad 1⟩

2.37 Ad primam rationem dicendum, quando arguitur 'si aliquis syllogismus sit syllogismus demonstrativus, tunc iste syllogismus erit syllogismus demonstrativus "omne animal rationale est risibile; omnis homo est animal rationale; ergo et caetera"', dicitur concedendo conclusionem. Et quando arguitur 'in demonstratione praemissae sunt notiores conclusione', conceditur ubi est demonstratio potissima et demonstratio propter quid. Et quando arguitur 'ista maior "omne animal rationale est risibile" non est notior ista conclusione "omnis homo est risibilis"', dicendum quod est notior et prior conclusione. Et quando arguitur 'ista maior notioritas aut est ex parte rei, aut ex parte intellectus, aut ex parte vocis', dicendum quod est ex parte rei.

2.38 Et quando arguitur 'eadem res est significata per definitionem et definitum, sed eadem res non est notior se ipsa', dicendum quod non est inconveniens quod eadem res sub una consideratione reali sit notior se ipsa accepta sub alia consideratione reali. Immo hoc est necessarium, nam eadem est res significata per definitionem et definitum, et eadem est res significata per 'animal rationale' et per 'hominem', sed accipitur sub alia ratione formali.

271 propria passio concluditur] concluditur passio G   273 est...faciens] facit G   276 suo] proprio G | Et] *om.* C   281 rationem dicendum] *om.* G   282 tunc] *om.* C | erit] est C   283-84 omnis...ergo] *om.* G   286 demonstratio²] *om.* G   287 rationale est risibile] et caetera C   289 conclusione] *om.* G | arguitur] quaeritur G   290 ex parte²] *om.* G | est] *om.* G   291 est res *tr.* G   294 hoc est necessarium] neccessarium est G

272 *APo* I.2, 71b17-18; *AL*, p. 7, ll. 13-14.
281 Vide supra, 2.01-2.02.
286 *APo* I.13, 78a22-30; *AL*, pp. 29-30, ll. 19-3. Cf. Aquinas, *Exp. Lib. Post.* I, lect 23, p. 85, ll. 37-53.
291 Vide supra, 2.03-2.04.

2.39 Nam capio illam rem: illa res sub una ratione formali significatur per definitionem, et sub alia ratione formali significatur per definitum; ideo aliud est significatum formale definitionis et definiti, idem tamen materialiter. Unde res sub illa ratione formali sub qua significatur per definitionem notior est quam res accepta sub illa ratione formali sub qua significatur per definitum. Ideo ex parte rei, maior notitia est hic 'omne animal rationale est risibile' quam hic 'omnis homo est risibilis', non obstante quod eadem res sit significata per 'animal rationale' et per 'hominem', quia illa res accipitur sub alia ratione formali et sub alia ratione reali. Unde eadem res accepta sub una consideratione reali et sub una ratione formali notior est se ipsa accepta sub alia ratione formali et alia consideratione ⟨reali⟩.

2.40 Ad argumentum in contrarium dicitur negando istam 'quidquid reale est in re significata per definitionem est in definito', si fiat distinctio pro ratione reali. Si tamen fiat distinctio solum pro ente reali, ut distinguitur contra rationem realem, sic potest concedi; et sic non est ad propositum.

2.41 Aliter tamen potest dici concedendo istam 'quidquid reale est in definitione est in definito'. Et sit B ratio formalis sub qua res significatur per definitionem, tunc conceditur iste discursus 'quidquid reale est in definitione est in definito; B est in definitione; ergo B est in definito'. Conceditur conclusio, nam B est in re significata per definitionem sicut ratio formalis, et est in re significata per definitum sicut ratio concomitans.

2.42 Ad aliud in contrarium, dicitur quod partes definiti sunt duplices: partes naturales et partes metaphysicales; partes naturales sicut materia et forma, partes metaphysicales sicut genus et differentia, vel sicut res significata per genus et res significata per differentiam. Eodem modo partes definitionis sunt duplices: naturales et metaphysicales; naturales sicut materia et forma—nam per Commentatorem septimo *Metaphysicae* materia pertinet ad quidditatem—//partes metaphysicales sicut genus et differentia. Et sic patet

C 119r2

---

299 et] *om.* C   306 ratione²] consideratione G   308 et alia consideratione] *om.* C   309 argumentum in contrarium] illud contra G   318 concomitans] certe in tali non deficiunt et caetera duo pro tertio amen dico tibi quod non *add.* G   319 in contrarium] contra G   322 et] vel sicut C   324 forma] metaphysicales *add. et exp.* G

309 Vide supra, 2.05.
319 Vide supra, 2.06.
324 Averroes, in fact, takes the opposite position: Averroes, *In lib. Met.* VII.5, t.c. 21, f. 171vI, 12, t.c. 34, f. 184rD-E. Cf. Aquinas, *In lib. Met.* VII, lect. 9, nn. 1467-1468, p. 358.

quod eaedem sunt partes definitionis et definiti; nam eaedem sunt partes naturales, et similiter, eaedem sunt partes metaphysicales.

2.43 Ad aliud in contrarium, dicitur negando istam 'omnis res significata per definitionem est res significata per definitum'; quia, non obstante quod una res sub una ratione formali sit res significata per definitionem et illa res sub alia ratione formali sit res significata per definitum, haec tamen est falsa 'res significata per definitionem est res significata per definitum', quia ista res sub ista ratione formali non est illa res sub alia ratione formali.

⟨Ad 2⟩

2.44 Ad aliud principale, dicendum est quod haec est immediata 'omnis homo est animal rationale'.

2.45 Ad probationem, quando arguitur '"animal rationale" potest ostendi de homine per aliam definitionem, videlicet per definitionem datam ab omnibus quatuor causis', dicitur negando istam.

2.46 Ad probationem 'omnis definitio imperfectior ostendi potest de definito per definitionem perfectiorem', dicitur negando istam universalem; nam illud argumentum probat quod utraque pars definitionis potest ostendi de definito, // et per consequens, haec non est immediata 'homo est animal'.

2.47 Assumptum patet, quia tota definitio perfectior est quam pars. Ideo negatur ista: 'omnis definitio imperfectior potest ostendi per definitionem perfectiorem de definito'. Sed si habeat veritatem, tunc erit vera de definitionibus ordinatis. Ideo definitio materialis potest ostendi de definito per definitionem formalem, quae est definitio perfectior, quia definitio materialis aliquo modo ordinatur ad definitionem formalem; sed definitio data per genus et differentiam non ordinatur ad definitionem datam ab omnibus quatuor causis. Ideo, non obstante quod sit definitio imperfectior quam de-

---

326 eaedem¹] idem C   327 naturales] materiales C   328 in contrarium] contra G   329 quod] quia G   330-31 illa res] om. G   333 illa] ista G   334 est¹] om. G   337 videlicet] scilicet G   342-43 animal] rationale G   345 imperfectior] perfectior C   345-46 definitionem...definito] de definito per definitionem perfectiorem G   349 definitionem] definitio G   351 imperfectior] perfectior C

328 Vide supra, 2.07.
334 Vide supra, 2.08.
336 Vide supra, 2.09-2.11.

finitio data ab omnibus quatuor causis, non tamen potest ostendi hoc de definito per definitionem perfectiorem.

⟨Ad 3⟩

2.48 Ad aliud principale dicendum quod homo habet propriam passionem. Et quando arguitur 'sit illa passio risibilitas; illa passio tunc est in genere qualitatis, et est per se species qualitatis', conceditur conclusio. Et ultra, quando arguitur 'est per se species in genere qualitatis, ergo habet passionem', dicendum est quod non, nam non omnis species habet passionem, sicut patet in multis speciebus diversorum generum, sed aliqua species habet passionem et aliqua non; nec omnis species in genere qualitatis habet passionem. Aliter potest dici quod risibilitas quae est per se species in genere qualitatis habet passionem, et quod illa passio non est directe in genere nec est per se species in genere, sed solum est in genere per reductionem; et ideo non oportet quod illa passio habeat passionem.

⟨Ad 4⟩

2.49 Ad aliud principale, quando quaeritur 'aut syllogismus demonstrativus componitur ex vocibus, aut ex conceptibus, aut ex rebus', dicendum quod sicut propositio potest accipi materialiter ex quibus componitur, sic eodem modo syllogismus. Nam quaedam est propositio proposita tantum, et illa propositio est propositio passive dicta; et quaedam est propositio proponens tantum; et quaedam est propositio propens et proposita. Propositio primo modo dicta componitur ex rebus compositione intellectuali, et non compositione reali; et isto modo propositio accipitur pro signato. Propositio secundo modo dicta componitur ex vocibus significativis; et isto modo propositio accipitur pro signo. Propositio tertio modo accepta componitur ex conceptibus. Eodem modo syllogismus demonstrativus potest accipi pro signato vel pro signo. Si accipiatur pro signato tantum, sic syllogismus demonstrativus est syllogismus passive dictus; et isto modo componitur ex

---

352 tamen] propter hoc G | hoc] *om.* G   358 est] *om.* G | non] ? *add.* G | species] in genere *add.* G   362 directe] per se species G   363 per se species] directe G | est in genere] *om.* G   364 non] *om.* C   366 ex conceptibus, aut ex vocibus *tr.* G   367 ex quibus componitur] *om.* G | sic] *corr.* C   367-68 eodem modo] *om.* G   369 quaedam] quadam G   372 compositione] *om.* G   373 dicta] accepta G   374 accepta] *om.* G   376 accipiatur] accipitur G   377 et] *om.* C

354 Vide supra, 2.12-2.17.
365 Vide supra, 2.18.

rebus compositione intellectuali et non compositione reali. Si accipiatur syllogismus demonstrativus pro signo, sic componitur ex vocibus significativis vel ex conceptibus. Per hoc ad argumenta.

2.50 Ad argumentum quod probat quod non componitur ex vocibus nec ex conceptibus, quia demonstratio est ex necessariis, dicendum quod syllogismus demonstrativus secundum quod accipitur pro signo non componitur ex necessariis nisi secundum quod necessarium accipitur pro signo necessarii; et sic conceditur quod componitur ex necessariis, quia ex signis necessariis.

2.51 Ad argumentum quod probat quod non componitur ex rebus, quia si sic, propositio esset chimera, dicitur quod non oportet, quia in ista 'cauda leonis est caput draconis', non obstante quod ista propositio proposita tantum sit composita ex rebus, ista compositio solum est compositio intellectualis sive intelligibilis. Et ideo, non sequitur quod sit chimera, quia non denotatur quod ibi sit compositio realis.

2.52 Ad aliud conceditur quod res extra sit pars orationis accipiendo partem orationis pro signato tantum.

2.53 Ad ultimum dicitur negando istam consequentiam 'componitur ex rebus, ergo est res extra animam', quia ista compositio non est compositio realis, sed intelligibilis sive intellectualis. Unde syllogismus nec est ens per se nec ens per accidens, sed continetur sub termino medio divisionis ipsius entis, videlicet sub ente vero. Unde syllogismus demonstrativus compositus ex rebus nec habet esse in anima subiective nec esse extra animam subiective, sed solum esse obiective. An ista responsio valeat, patebit alias. //

---

378 compositione²] *om.* G | accipiatur] accipitur G   379 pro] *om.* G   380 per...argumenta] *om.* C   381 argumentum] illud G   387 argumentum] illud G   390-91 intelligibilis vel intellectualis G   395 ultimum] contra *add.* G   397 nec] non C   398 termino medio] tertio membro G   399 videlicet] scilicet G   400 nec¹] non C   401 An...alias] *om.* G

395 Vide supra, 2.19-2.20.
399 Cf. *Metaph.* VI.4, 1027b29-1028a6.

⟨III⟩

3.00 ⟨D⟩e subiecto cuiuslibet scientiae debet praesupponi ipsum esse. Cum igitur demonstratio sit subiectum huius scientiae, oportet praesupponere demonstrationem esse. Et cum demonstratio sit syllogismus faciens scire, oportet praesupponere scire, cui contradicebant Academici dicentes omnia ignorari, et Platonici dicentes quod non contingit addiscere ignotum sed oblitum reminisci. Utrique istarum opinionum obviat Philosophus dicens 'omnis doctrina et caetera'.

Circa istam litteram ⟨q⟩uaeratur utrum aliquis posset acquirere aliquam scientiam de novo.

⟨1⟩

3.01 Videtur quod non, per argumentum illorum qui negabant scientiam esse, ut patet quarto *Metaphysicae*. Intellectus nihil apprehendit nisi a sensu; sed sensus nihil certum apprehendit de re; ergo nec intellectus. Sed nullus potest acquirere scientiam nisi apprehendendo aliquod certum. Quod autem sensus nihil certum apprehendat probatur, quoniam quod apparet uni homini contrarium apparet alteri; et quod apparet uni homini uno tempore contrarium apparet eidem alio tempore, quod non esset si homo per sensum aliquod certum de re apprehenderet.

3.02 Huic dicitur quod sensus bene dispositus apprehendit rem sicut vere est, si non sit defectus a parte obiecti nec aliunde. Quod autem diversi homines contrario modo iudicant de eadem re, hoc est quia sensus eorum non sunt aequaliter dispositi. Illud enim quod apparet homini sano dulce, febricitanti apparet amarum; et hoc est quia lingua febricitantis impletur humore cholerico, et sic est indisposita, propter quod non iudicat de re sicut est.

3.03 Contra istud: si aliquis homo per sensum aliquid certitudinaliter apprehenderet, hoc maxime esset per sensum visus, qui est sensus certissimus; sed per visum non potest homo aliquid certitudinaliter apprehendere. Probatio: nam quando aliqua aequaliter apparent alicui, si non sit certus de uno, non est certus de relicto; sed quantum aliquid apparet alicui per

---

18-19 vere est] ? C

1 Questions 3-7 are found only in C.
7 Grosseteste, *Commentarius In Post. Anal.* I.7, p. 93, ll. 5-9.
11 *Metaph.* IV.4-8, 1005b35ff.
17 Henry of Ghent, *Summa* I, a. 1, q. 1 (f. 1rA).

visum tale quale est, tantum possibile est quod aliud appareat tale quale 30
non est. Verbi gratia, inquantum apparet tibi per visum quod aliquid est
homo, qui in rei veritate est homo, tantum est possibile quod aliquid
appareat tibi quod sit homo, quod tamen non sit homo. Hoc enim potest
sciri per artem vigilandi. Cum ergo de eo quod non est homo non est
certus quod ipse est homo per visum, nec de ipso qui est homo potest esse 35
certus per visum quod est homo; et sic potest argui de quocumque alio
visibili. Nam quantocumque aliquid quod in rei vertitate est viride apparet
tibi quod sit viride, tantum aliquid quod non est viride potest apparere
quod sit viride, ergo et caetera.

⟨2⟩

3.04 Aliud principale: arguo per rationem Menonis quam recitat Commen- 40
tator nono *Metaphysicae* commento quarto decimo. Arguit sic: nihil addiscit
qui nihil novit; sed ille non potest acquirere scientiam qui nihil addiscit;
ergo nec ille potest acquirere scientiam qui nihil novit. Sed quilibet homo
ab initio nihil novit; et per Philosophum tertio *De anima* intellectus ante
intelligere est sicut tabula rasa in qua nihil est scriptum; ergo, cum in 45
principio nullus homo aliquid sciat, non potest homo aliquid addiscere.

3.05 Hoc arguitur in ⟨aliis⟩ terminis in eodem commento sic: nullus addiscit citharizare nisi citharizando; sed qui citharizat scit citharizare, quia
nullus facit id quod non scit facere; cum ergo ab initio nullus sciat citharizare, non potest aliquis de novo addiscere citharizare. Vel sub alia forma: 50
qui addiscit citharizare, citharizat, et qui citharizat, scit citharizare; et qui
scit citharizare, non addiscit de novo citharizare, quia nullus de novo addiscit id quod scit; ergo ponere aliquem de novo addiscere citharizare est
ponere opposita. Istud argumentum confirmatur per dictum Commentato-
ris in eodem commento. Dicit enim quod nihil movetur ad aliquid nisi ha- 55
beat aliquid illius ad quod movetur. Cum ergo ab initio nullus habeat //
19v2   aliquam notitiam de ratione, non potest aliquis per doctrinam aliquam
notitiam acquirere. Sic enim moveretur ad aliquid de quo nihil habet.

37 viride] *corr.* C   49 scit] *corr.* C   3 ad] aliquid C

41 Averroes, *In lib. Met.* IX.3, t.c. 14 (f. 240vK).
44 *de An.* III.4, 429b31-430a2.
46 Henry of Ghent, *Summa* I, a. 1, q. 1 (f. 1vA).
47 Averroes, *In lib. Met.* IX.3, t.c. 14 (f. 240vK-L).
55 Averroes, *In lib. Met.* IX.3, t.c. 14 (f. 240vM).

⟨3⟩

3.06 Praeterea, si aliquis acquirat scientiam de novo, hoc erit ex praeexistenti cognitione. Illam praeexistentem cognitionem acquisivit, cum eam non semper habuit, et hoc ex praeexistenti cognitione; et eadem ratione eam aliam cognitionem acquisivit ex praeexistenti cognitione, et sic in infinitum, quod est inconveniens. Ergo inconveniens est aliquem de novo addiscere.

⟨4⟩

3.07 Praeterea, per Boetium primo *Arithmeticae*: scientia non est nisi de fixo et permanente; sed in rebus sensibilibus, de quibus est omnis humana cognitio, nihil est fixum nec permanens; ergo de nullo tali potest homo de novo scientiam acquirere.

⟨5⟩

3.08 Praeterea, ille non habet certam scientiam de re qui non percipit essentiam rei, sed solum eius imaginem, quoniam ille non novit Herculem qui solum novit eius picturam; sed nullus percipit de re nisi imaginem rei, quia lapis non est in anima, sed species eius; ergo nullus potest certam notitiam habere de re.

⟨6⟩

3.09 Aliud principale: si homo acquireret scientiam de novo, hoc esset per inquisitionem; sed nullus habet scientiam per inquisitionem. Probatio: nam omnis potentia naturalis potest naturaliter in suam operationem, quia qualis est potentia, talis est actus; sed potentia cognitiva est potentia naturalis; ergo potest in suam operationem naturaliter, et per consequens absque inquisitione. Eius operatio est scire et intelligere, ergo scire et intelligere potest homo absque inquisitione.

3.10 Hoc idem arguitur secundo sic: natura non deficit in necessariis, ut patet tertio *De anima*; sed scientia est necessaria homini ad regimen vitae

---

65 Boethius, *Arithmetica* I.1, PL 63, 1079D-1080D.
68 Henry of Ghent, *Summa* I, a. 1, q. 1 (f. 1r-vA).
72 *de An.* III.8, 431b29-432a1.
73 Henry of Ghent, *Summa* I, a. 1, q. 1 (f. 1vA).
77 Cf. *de An.* II.2, 414a25-27.
80 Henry of Ghent, *Summa* I, a. 1, q. 4 (f. 11rA).
82 *de An.* III.9, 432b21-22.

⟨QUAESTIO III⟩

suae et ad eius finem ultimum, qui est beatitudo, ut patet ex decimo *Ethicorum*; ergo natura non deficit homini quantum ad actum sciendi. Sed in illud potest homo naturaliter et absque inquisitione in quo natura sibi non deficit; ergo absque omni inquisitione potest homo scire et intelligere.

3.11 Hoc idem arguitur tertio sic: quanto aliqua virtus est perfectior tanto perfectius potest in suam operationem; sed intellectus est virtus perfectior quam sensus, et sensus potest in suam operationem absque omni inquisitione; ergo et intellectus, cum intelligere statim sine inquisitione sit perfectius quam intelligere per inquisitionem.

⟨7⟩

3.12 Aliud principale: si aliquis acquirat scientiam de novo, aut hoc est ex se aut ab alio, quia omnis scientia humana vel habetur per doctrinam vel per inventionem; sed neutro modo contingit hominem acquirere scientiam de novo. Probatio: non potest homo acquirere scientiam ex se, ut per se ipsum inveniendo, quia si sic, tunc ipse addisceret id quod prius non novit, et non addiscit nisi a docente; ergo ipse doceret se ipsum. Et sic aliquis esset doctor sui ipsius, et etiam suus discipulus, quod est inconveniens.

3.13 Hoc idem patet aliter, quoniam frustra quaerit auxilium alterius ad aliquid faciendum qui per se ipsum potest illud facere; sed homo, ut sciat, non frustra quaerit auxilium alterius; ergo homo per se ipsum non potest scientiam acquirere.

3.14 Hoc idem patet tertio sic: per Philosophum nono *Metaphysicae*, nihil procedit de potentia ad actum nisi per aliquid existens actu tale quale est illud in potentia; sed homo est in potentia sciens; ergo de illa potentia non procedit ad actum nisi per aliquem actu scientem, cuiusmodi non est ille qui est in potentia sciens; ergo a se ipso non potest scientiam acquirere.

---

84 quantum] *inser.* C
83-84 *EN.* X.7, 1177a12ff.
86 Henry of Ghent, *Summa* I, a. 1, q. 4 (f. 11rA).
91 Ibid.
98 Henry of Ghent, *Summa* I, a. 1, q. 9 (f. 19rA). Cf. *Ph.* III.3, 202a22ff.
102 Cf. Henry of Ghent, *Summa* I, a. 1, q. 6 (f. 15vA).
103 *Metaph.* IX.8, 1049b24-29.
107 Henry of Ghent, *Summa* I, a. 1, q. 5 (f. 14vA).

⟨8⟩

3.15 Praeterea, quod nullus posset acquirere scientiam ab alio de novo, quia si sic, hoc esset quia alius sibi aliqua proponeret, aut ergo nota aut ignota. Si ignota, per hoc non addiscit: sicut si verba graeca proponantur ignoranti, tale idioma per hoc non addiscit. Si proponantur nota, adhuc non addiscit, quia id quod est notum alicui non de novo addiscit.

3.16 Haec ratio confirmatur sic: si signa proposita sint nota, tunc est notum quod tale signum est signum talis rei; sed nullus potest cognoscere quod aliquid sit signum alicuius rei nisi cognoscat illam rem. Verbi gratia, non possum cognoscere quod hoc nomen 'lapis' significat talem rem, nisi sciam qualis est res quae significatur per hoc nomen. Si ergo proponantur signa nota, res significatae sunt notae. Et si hoc, de talibus rebus non acquiritur nova cognitio, ex quo prius erant notae.

⟨9⟩

3.17 Praeterea, si aliquis acquireret scientiam ab alio, cum eadem scientia numero quae est in anima magistri non potest esse postea in anima discipuli, oporteret quod magister per suam scientiam generaret novam scientiam in anima discipuli; et sic scientia esset qualitas activa.

⟨Ad oppositum⟩

3.18 Ad oppositum: omne quod acquiritur ex praeexistenti cognitione acquiritur de novo; sed omnis scientia humana acquiritur ex praeexistenti cognitione; ergo et caetera. Minor patet per Philosophum hic.

⟨Responsio⟩

3.19 Circa istam quaestionem primo est declarandum quod contingit hominem scire. Hoc enim negabant aliqui, ut patet quarto *Metaphysicae*, contra quos arguunt Philosophus et Commentator quarto *Metaphysicae* sic: qui negat scientiam esse dicit se esse certum in hoc, quod scientia non est; et non est certus de aliquo nisi de eo quod scit; ergo qui negat scientiam eo

---

119 Henry of Ghent, *Summa* I, a. 1, q. 6 (f. 15vA).
123 Ibid.
126 *APo* I.1, 71a1-11; *AL*, 1-4, p. 5, ll. 3-12.
128 *Metaph.* IV.4-8, 1005b35ff.
129 Ibid., IV.8, 1012b13-22.
129 Averroes, *In lib. Met.* IV.6, t.c. 29 (f. 99vG-H).

ipso habet ponere scientiam, quod non esset nisi contingeret hominem scire.

3.20 Similiter, desiderium naturale non est ad impossibile; sed omnes homines naturaliter scire desiderant; ergo non est impossibile hominem scire.   135

3.21 Item, contra tales arguit Tullius libro *De academicis* ex propria confessione eorum. Ipsi enim dicebant se ipsos esse scientes et alios ignorantes. Sed si non contingeret scire, non possent ipsi distinguere artificem ab ignorante. Item, contra eos dicit sic: quomodo suscipere aliquam rem aut agere audebit cui nihil certum est quid sequatur? Similiter, quare non ita   140
libenter cadunt in puteum sicut vadunt per viam pulchram cum nesciant quid istorum est melius? Sic ergo patet quod contingit hominem scire.

3.22 Et quod contingit hominem de novo scire patet, quia aliquid est modo verum et prius non fuit verum quod tu modo scis esse verum: ut me sedere. Cum ergo nihil scitur nisi verum, et hoc de novo est verum, oportet   145
quod de novo sit scitum.

3.23 Sed circa modum quo aliquis acquirit scientiam, est sciendum quod homo aliquando acquirit scientiam per se ipsum et aliquando ab alio. Nam sicut est in naturalibus quod aliquando principium agens intra est ita potens quod sine adiutorio exterioris agentis potest deducere potentiam ad   150
actum, et aliquando est ita debile quod hoc non potest sine adiutorio alterius—verbi gratia, in aegrotante aliquando vis naturalis est ita potens quod, sine omni adiutorio exterioris medici, de potentia sana facit actum sanum et aliquando hoc non potest propter debilitatem sine adiutorio medicinae, similiter, contingit aliquando quod aliquis homo est ita subtilis   155
quod solo adiutorio luminis intellectus agentis potest ex principiis intellectis educere conclusiones proximas, et ex illis alias; et sic deinceps gradatim procedendo usque ad conclusiones ultimas particulares rei cognoscendae. Et talis homo sine doctore exteriore potest scientiam acquirere. Sed quando homo ex naturali industria non est talis, tunc sine doctore   160
20r2 // exteriore non potest perfectam scientiam alicuius rei per se acquirere. Unde breviter, sicut sanitas aliquando inducitur ab extrinseco et aliquando ab intrinseco, sic est de scientia.

142 quid] quod C | scire] et *add.* C

133 Henry of Ghent, *Summa* I, a. 1, q. 1 (f. 1vA).
135 Ibid. Cf. *Metaph.* I.1, 980a1.
136 Cicero, *Academica* II.vii, p. 496.
139 Ibid., II.viii, pp. 498-500.
142 Cf. *Metaph.* IV.4, 1008b14-19.
163 Henry of Ghent, *Summa* I, a. 1, q. 5 (f. 15rD).

3.24 Sed quando scientia acquiritur ab extrinseco, tunc est videndum quid doctor exterior faciat in acquisitione scientiae.

3.25 Pro quo sciendum quod sicut illa quae indifferenter possunt fieri ab arte et a natura, eodem modo et eodem ordine fiunt a natura et ab arte— ut patet de sanitate: sive inducatur in alterando sive digerendo, eodem modo fit quando inducitur ab arte et quando a natura, cuius ratio est quoniam in omni actione in qua ars communicat naturae, non operatur ars sicut agens principale, sed solum sicut coadiuvans; unde medicus dicitur minister naturae, sic est de scientia, nam uno modo inducitur a principio intra, ut dictum est de eo qui acquirit scientiam per inventionem, et alio modo extra, ut a doctore extrinseco. Ideo sicut acquirens scientiam per se ipsum procedit ex cognitione principiorum ad conclusiones proximas, et ab illis ad alias, et in tali processu non errat, sic docens exterius debet habere in promptu conceptus ordinatos primorum principiorum et etiam conclusionum. Et sic debet procedere in docendo discipulum: primo prima principia per se nota proponendo, ⟨deinde⟩ conclusiones, et applicando illa principia ad conclusiones determinatas, et postea illas conclusiones ad alias conclusiones, et sic usque ad conclusiones ultimas, explicando istum discursum discipulo, ut discipulus per illa signa ordinet in se conceptus quos ex se ordinare non posset nec sciret. Unde breviter, doctor non aliter docet nisi proponendo signa conceptuum ordinatorum, ut primo signum principii, deinde signum conclusionis, ut per signa sic proposita possit discipulus habere conceptus ordinatos.

3.26 Sic enim proponebat Plato principia geometriae uni puero qui bene respondebat, ex quo concludebat illum puerum prius conclusiones geometriae scivisse. Unde si quilibet sciret conceptus suos debito modo ordinare, nullus indigeret doctore extrinseco. Et quia conceptus sic ordinati sunt per se causa et proxima doctrinae, et ordinatio exterior vocum non est nisi signum directivum rationis in suos conceptus, ideo doctor exterior non est causa acquirendi scientiam in discipulum nisi per accidens, scilicet ordinando voces; sed ratio interior est per se causa, ordinando scilicet conceptus interiores in quibus veritas rei immediate percipitur.

---

178 primo] primus C

167 *Ph.* II.8, 199a9-20.
186 Henry of Ghent, *Summa* I, a. 1, q. 6 (f. 16rC).
187 Plato, *Meno* 82-86.
195 Henry of Ghent, *Summa* I, a. 1, q. 6 (f. 16rC).

⟨QUAESTIO III⟩ 71

3.27 Ideo dicit Lincolniensis: hoc non solum voco doctrinam quod ab ore doctoris audimus, sed scripturam etiam loco doctoris accipio; et si verius dicamus, nec qui exterius sonat docet, nec litterae scriptae exterius visae docent, sed solum movent haec duo et excitant; sed verius, doctor est qui interius mentem illuminat et veritatem ostendit. Et illud interius illuminans 200
mentem est ratio ordinans debito modo conceptus principiorum et conclusionum; et ideo doctor exterior non docet nisi per accidens.

20v1 3.28 Exemplum huius ponit Henricus de Gandavo. // Si aliquis sit intentus ad aspiciendum aliquod astrum, et moveat oculum circumquaque et non percipiat astrum; et alius diriget digitum suum ad directam appositionem 205
illius astri et, hoc facto, ipse videat astrum, certum est quod iste digitus non facit istum videre per se, quia visui eius nihil imprimit. Sed claritas astri facit quod videat astrum, et digitus excitat eum ut videat astrum. Eodem modo doctor exterior solum excitat et non ⟨est⟩ causa per se scientiae. 210

⟨Ad 1⟩

3.29 Ad primum argumentum dicendum quod sensus potest aliquid certitudinaliter apprehendere, sed tamen dubium est quando est credendum iudicio sensus et quando non, cum quandoque circa iudicium sensus accidat deceptio et quandoque non. Oportet enim aliquando credere sensui, quia sensum dimittentes et eius iudicium in absurdos errores inciderunt; 215
ut patet de Zenone, qui propter rationem sophisticam dixit nihil posse moveri, et de aliis qui dixerunt quod moto uno moventur omnia.

3.30 Sciendum est ergo quod sensui particulari semper est credendum, nisi sensus dignior in eodem alio tempore vel in alio eodem tempore contradicat, vel aliqua virtus superior percipiens impedimentum sensus. Non enim 220
sensus aequaliter sunt bene dispositi in omnibus, nec in eodem diversis temporibus; ideo non aequaliter eorum iudicio credendum est. Magis enim credendum est gustui sani quam gustui aegri, et ei qui videt aliquid de prope quam qui de longe; et similiter, qui videt aliquid per medium uniforme, et sic de aliis conditionibus. Unde breviter, sensui non decepto sem- 225

196 Grosseteste, *Commentarius In Post. Anal.* I.1, p. 94, ll. 32-36.
203 Henry of Ghent, *Summa* I, a. 1, q. 6 (f. 16rC).
211 Vide supra, 3.01.
216 *Ph.* VI.2, 233a22-33; *Ph.* VI.9, 239b9ff.
217 de aliis] *non invenitur.*
217 Henry of Ghent, *Summa* I, a. 1, q. 1 (f. 2v-3rF).

per est credendum; sed quando sensus est deceptus et quando non, habet intellectus iudicare ex multis experimentis.

3.31 Et cum arguitur in contrarium quod quantum apparet aliquid sensui quod in rei veritate est tale quale apparet esse, tantum potest aliquid apparere tale quale non est in rei veritate, dicendum quod hoc est verum. Et tamen aliquis potest iudicare certitudinaliter de uno iudicando ipsum esse tale quale apparet et iudicare certitudinaliter de alio iudicando ipsum esse tale quale non apparet, ut aliquis qui est expertus in tali arte. Unde hoc iudicium potest esse per sensum. Sensus enim bene habilitatus in talibus non decipitur circa talia. Unde aliquis multum exercitatus in computando pecuniam statim iudicabit et distinguet denarium stanneum a denario argenteo, ubi alius, qui in talibus non est exercitatus, nescit iudicare quis denarius est argenteus nec quis stanneus. Unde frequens habilitatio sensus circa sensibilia facit quod homo per sensum possit recte iudicare de sensibilibus. Possumus tamen dicere quod, etsi aliquando non sit rectum iudicium sensus de sensibilibus, intellectus tamen potest recte iudicare.

3.32 Et si dicatur quod sensus non decipitur circa proprium sensibile, ergo videtur quod sensus semper recte iudicet, hic potest dici quod sensus non decipitur circa proprium sensibile, homo tamen per sensum multotiens decipitur. Vel aliter, quod, remoto omni impedimento, nunquam decipitur sensus circa proprium sensibile, ut si non sit impedimentum ex parte organi, nec ex parte obiecti, nec ex parte medii, et sic de aliis. //

⟨Ad 2⟩

C 120v2 3.33 Ad aliud principale, quod 'addiscere' uno modo accipitur pro acquisitione cuiuscumque notitiae de novo, et sic aliquis addiscit aliquid de novo qui nihil eius prius scivit; alio modo 'addiscere' accipitur pro acquisitione notitiae conclusionis in demonstratione. Et sic est haec vera 'qui nihil novit, nihil discit', quia, quicumque acquirit cognitionem conclusionis, oportet quod hoc sit ex cognitione principiorum.

3.34 Sed dubium est, si aliquis posset aliquam cognitionem acquirere seu addiscere qui nihil omnino novit. Dicendum quod sicut duplex est igno-

---

227 Henry of Ghent, *Summa* I, a. 1, q. 1 (f. 2v-3rF).
228 Vide supra, 3.03.
241 Henry of Ghent, *Summa* I, a. 1, q. 1 (f. 3rG).
242 *de An.* II.6, 418a11-12.
248 Vide supra, 3.04.

rantia, scilicet negationis et dispositionis, ut ex primo huius, sic est duplex scientia: una quae opponitur ignorantiae negationis, et alia quae opponitur ignorantiae dispositionis. Ignorantia negationis omnem actum scientiae privat, tam perfectum quam imperfectum; sed ignorantia dispositionis actum scientiae perfectae privat. Si igitur appellemus 'addiscere' omnem motum ab ignorantia in scientiam, sive sit ab ignorantia negationis sive dispositionis, sic est necesse dicere quod aliquis potest addiscere nihil praesciendo. Si tamen 'addiscere' sumitur magis stricte pro motu ab ignorantia dispositionis, sic est dicendum quod qui addiscit prius scivit aliquid; et sic accipitur 'doctrina' in principio huius cum dicitur 'omnis doctrina et caetera.'

3.35 Quidam tamen dicunt quod in principio omnia sunt nota in universali et ignota sub formis propriis. Sed istud nihil valet, quia anima nostra in principio suae creationis nihil novit. Est enim sicut tabula nuda in qua nihil depingitur, sicut vult Philosophus. Si tamen velint, intelligendum sic, quod anima in principio intelligit omnia in universali et quod habet potentiam confusam ad omnes scientias quas habet. Et iste intellectus bonus est. Unde sciendum quod sicut in materia tot sunt potentiae quot formae possunt induci in materia, ita quod cuilibet formae inducendae correspondet propria potentia in materia, sic in anima sunt tot potentiae et tot habilitates quot scientiae seu notitiae possunt acquiri ipsi animae. Et ideo sicut materia in universali continet omnes formas, quia in materia sunt potentiae ad omnes formas inducendas, sic intellectus cognoscit omnia in universali, quia in intellectu sunt potentiae respectu scientiarum de quolibet scibili.

3.36 Et cum arguitur de actu citharizandi, dicendum quod quicumque citharizet scit aliquo modo citharizare, etsi imperfecte, et discit perfectius citharizare. Et si arguatur 'eo modo quo citharizat, non didicit citharizare nisi citharizando; ergo prius citharizavit, et aliud ante illud, et sic in infinitum', dicendum quod si aliquis nunc primo citharizet, eo modo quo nunc citharizat, scit citharizare. Et illud non didicit citharizando, sed isto

---

270 et] *corr.*   282 didicit] *corr.*

256 *APo* I.2, 72a14-18; *AL*, pp. 8-9, ll. 22-2.
265 Henry of Ghent, *Summa* I, a. 1, q. 10 (f. 20rF-G).
266 Grosseteste, *Commentarius In Post. Anal.* I, p. 97, ll. 83-96.
269 *de An.* III.4, 429b21-430a2.
279 Henry of Ghent, *Summa* I, a. 1, q. 11 (f. 21vE). Cf. *De anima*, III.4-5, 429a10-430a25.
280 Vide supra, 3.05.

modo scit citharizare, ex hoc quod ad citharizandum est naturaliter dispositus et habilitatus. Unde Commentator in commento allegato dicit quod impossibile aliquid fieri aliquid nisi habeat aliquid naturaliter ex eo quod habebit in postremo; et ideo asinus non discit artem citharizandi.

3.37 Et sic patet ad confirmationem. Cum dicitur quod omne quod movetur ad aliquid partem habet illius ad quod movetur, hoc est intelligendum, quod id quod movetur ad aliquid, sicut ad scientiam, naturaliter est habilitatus ad id ad quod movetur. Vel aliter, quod id quod movetur ad aliquid, quando est in moveri, partem habet illius ad quod movetur, antequam tamen sit in moveri, non oportet. // Et ideo qui addiscit aliquid, quando actualiter est in addiscendo, aliquam cognitionem habet de illo quod addiscit; antequam tamen est in discendo, non oportet quod aliquid eius cognoscat.

⟨Ad 3⟩

3.38 Ad aliud principale, cum dicitur quod omnis scientia fit ex praeexistenti cognitione, dicendum quod notitia est duplex, scilicet sensitiva et intellectiva; et notitia intellectiva duplex, scilicet conclusionis et principiorum. Omnis notitia conclusionis est ex praeexistenti cognitione principiorum, et notitia principiorum ex praeexistenti cognitione terminorum, quia principia cognoscimus inquantum terminos cognoscimus; et notitia terminorum fit ex praeexistenti cognitione sensitiva. Sed ibi est status, quoniam cognitio sensitiva non fit ex aliqua praeexistenti cognitione.

⟨Ad 4⟩

3.39 Ad aliud principale dicendum concedendo quod scientia non est nisi de fixo et permanente, quia scientia non est nisi de universalibus qui secundum se permanentia sunt et incorruptibilia. Unde de rebus sensibilibus quae non sunt permanentes non est scientia, sed de universalibus quae habent esse in rebus sensibilibus; et talia sunt fixa et permanentia.

---

286 ex] *corr.* C   287 dicit] *inser.* C   311 habent] *corr.*

287 Averroes, *In lib. Met.* IX.8, t.c. 14 (f. 240vL). Cf. *Metaph.* IX.8, 1049b29-1050a3. *APo* I.1, 71b5-8; *AL*, pp. 6-7, ll. 24-3.
298 Ibid.
299 Vide supra, 3.06.
307 Vide supra, 3.07.
311 Henry of Ghent, *Summa* I, a. 1, q. 1 (f. 3rI).

⟨Ad 5⟩

3.40 Ad aliud principale, quod homo potest habere cognitionem de essentia rei nec percipit solum imaginem rei, sicut accipitur in arguendo. Unde, etsi species lapidis sit in anima et non lapis, intellectus tamen prius cognoscit lapidem quam eius speciem. Species enim lapidis est id quo lapis mente cognoscitur, et non est id quod primo cognoscitur.

⟨Ad 6⟩

3.41 Ad aliud principale, quod homo potest acquirere scientiam de novo per inquisitionem. Et cum dicitur quod potentia naturalis potest naturaliter in suam operationem, dicendum quod, quia intellectus est potentia naturalis, ideo naturaliter habet quod possit scientiam habere per inquisitionem. Hoc enim est naturale intellectui acquirere scientiam discurrendo.

3.42 Ad aliud, quod natura non deficit in necessariis quando natura dat illa per quae necessaria possunt acquiri. Alimentum enim et vestimenta sunt necessaria animali; natura tamen non dat illa immediate. Nec tamen deficit in necessariis, quia dat aliquid mediate quo talia possunt acquiri. Sic quia natura dedit animae potentias naturales per quas potest scientiam acquirere, ideo non deficit in necessariis.

3.43 Ad aliud, dicitur uno modo quod aliqua operatio intellectus est perfectior quacumque operatione sensus, ut intelligere prima principia et huiusmodi; sed quantum ad secundam operationem, quae est scire, quod ex investigatione non ⟨statim⟩ pervenit, quoad hoc imperfectior est. Vel aliter potest dici, et melius, quod actio sensus, quae est sine discursu, est propter imperfectionem magis quam propter perfectionem, et discursus est magis propter perfectionem. Verbi gratia, corpus dicitur perfectius in sanitate quod sanitatem perfectam acquirit, licet multis operationibus, quam id quod sanitatem imperfectam acquirit unica operatione. Et sic, etsi scire acquiratur per discursum et multis operationibus, tamen est perfectius quam sentire quod acquiritur unica operatione tantum. Modus tamen acquirendi

---

315-16 id quo lapis mente] id mente quo lapis C

312 Vide supra, 3.08.
316 Henry of Ghent, *Summa* I, a. 1, q. 1 (f. 3vL).
317 Vide supra, 3.09.
321 Henry of Ghent, *Summa* I, a. 1, q. 4 (f. 13rG).
322 Vide supra, 3.10.
327 Henry of Ghent, *Summa* I, a. 1, q. 4 (f. 13rG).
328 Vide supra, 3.11.

scientiam forte est imperfectior quam modus acquirendi operationem sensus. Hoc tamen non assero.

⟨Ad 7⟩

3.44 Ad aliud principale, quod homo potest acquirere scientiam, et per se inveniendo et etiam ab alio.

3.45 Ad primum in contrarium quod etsi homo acquirat scientiam per se inveniendo, tamen non debet dici doctor // suus proprius. Cuius ratio est, quia omne agens est existens in actu secundum illam formam qua agit, sicut patet tam de agente principali quam instrumentali; sed addiscens vel inveniens scientiam est in potentia sciens solum, et ideo non debet dici doctor. Unde sciendum quod alia ratio est qua aliquis dicitur doctor, et alia qua dicitur causa doctrinae. Dicitur enim doctor quia agit causando talem scientiam qualem habet, sed causa doctrinae dicitur sive causet talem scientiam qualem habet sive aliam. Unde, quia inveniens scientiam non causat in seipso talem scientiam qualem habet, sed aliquam novam qualem prius non habuit, ideo non debet dici doctor, potest tamen dici causa doctrinae.

3.46 Ad aliud argumentum, quod homo in addiscendo ab alio non frustra quaerit scientiam, etsi possit scientiam acquirere per se ipsum, quia cum minore difficultate potest homo acquirere scientiam ab alio quam per se ipsum. Et ideo non frustra quaerit scientiam ab alio.

3.47 Ad aliud, concedo quod nihil procedit de potentia ad actum nisi per aliquid quod est actu tale quale est illud in potentia. Et ideo, quilibet inveniens scientiam per se ipsum, oportet quod sit actu sciens, et per scientiam quam habet acquirit aliam scientiam, sicut pars infirma animalis sanatur per sanitatem in alia parte sana. Unde, ille qui invenit scientiam, scientiam invenit secundum quod est ⟨in⟩ actu sciens. Sic enim ducit se ipsum de potentia ad actum, sibi tamen acquiritur scientia secundum quod est in potentia ad scientiam quam acquirit.

---

340 Henry of Ghent, *Summa* I, a. 1, q. 4 (f. 13r-vI).
343 Vide supra, 3.12.
348 Henry of Ghent, *Summa* I, a. 1, q. 9 (f. 19rB).
354 Henry of Ghent, *Summa* I, a. 1, q. 9 (f. 19r-vC).
355 Vide supra, 3.13.
358 Henry of Ghent, *Summa* I, a. 1, q. 5 (f. 15rE).
359 Vide supra, 3.14.
366 Henry of Ghent, *Summa* I, a. 1, q. 5 (f. 15r-vF).

⟨Ad 8⟩

3.48 Ad aliud principale, dicendum quod aliquis potest acquirere scientiam ab alio, et ille alius proponit sibi nota quando alius ab eo addiscit. Unde, etsi aliquis in principio proponat ignota, ex frequenti tamen applicatione illorum signorum ad sua significata fit notum quod talia sunt signa talium. Isto enim modo aliquis addiscit idioma de novo. Si enim aliquis esset in Graecia qui nesciret Graecum, in principio omnia quae sibi proponuntur essent ignota. Ex frequenti tamen applicatione fierent nota. Et cum dicitur quod si proponantur nota, tunc res significatae per talia signa sunt notae, dicendum quod sunt notae quoad aliquid, quia sunt notae notitia incompleta, scilicet quod tales res significantur per talia nomina; et hoc non est cognoscere res perfecte. Possum enim cognoscere quid significatur per nomen, etsi non cognoscam rem perfecte, quia quid rei et quid nominis differunt.

⟨Ad 9⟩

3.49 Ad ultimum, quod scientia non est qualitas activa, quia secundum quod dictum est, doctor exterior non est causa principalis respectu scientiae ingenitae in anima discipuli. Et ideo scientia eius non est qualitas activa.

---

367 Vide supra, 3.15-3.16.
370 Henry of Ghent, *Summa* I, a. 1, q. 6 (f. 16vF-G).
379 Vide infra, 5.02.
380 Vide supra, 3.17.
383 Henry of Ghent, *Summa* I, a. 1, q. 6 (f. 16vH).

⟨IV⟩

⟨Q⟩uaeratur utrum homo possit per suas potentias naturales absque illustratione agentis superioris devenire in cognitionem cuiuslibet conclusionis in demonstratione?

⟨1⟩

4.01 Probatio quod sic: quia desiderium naturale non est ad impossibile; sed homo naturaliter desiderat scire omnem conclusionem demonstrationis; ergo per principia naturalia potest in cognitionem earum devenire.

⟨2⟩

4.02 Praeterea, quodlibet contentum sub primo obiecto naturali alicuius potentiae est per se obiectum illius potentiae, quia quae primo insunt superiori per se insunt inferiori, // etsi non primo; sicut patet etiam de colore et de his quae continentur sub eo respectu potentiae visivae. Hoc etiam patet ratione sic: obiectum primum potentiae sic respicit potentiam quod est ei adaequatum; sed si aliquod esset contentum sub illo obiecto in quod non posset illa potentia, tunc illud obiectum excederet potentiam illam, et per consequens non esset obiectum ei adaequatum. Sed primum obiectum intellectus nostri est ens in sua communitate secundum quod se extendit ad omnia entia; ergo ab intellectu nostro potest naturaliter cognosci quodlibet contentum sub ente, et per consequens quaelibet conclusio demonstrationis.

⟨3⟩

4.03 Praeterea, sensui non est aliqua cognitio supernaturalis necessaria ad hoc quod cognoscat quodlibet sensibile, ut satis patet; ergo nec intellectui ad hoc quod cognoscat quodcumque intelligibile, quia ex quo natura non deficit in necessariis, maxime non deficit in necessariis rebus perfectioribus.

---

12 sub illo obiecto] *inser.* C

3 Cf. Henry of Ghent, *Summa* I, a. 1, q. 2 (f. 2vAff.).
5 Cf. *Metaph.* A.1, 980a1.
6 For the 1st arg. *quod sic* see Henry of Ghent, *Summa* I, a. 1, q. 1 (f. 1vA); q. 2 (f. 4rA).
18 For the 2nd arg. *quod sic* see Scotus, *Lectura* prol. 1, q. un., n. 1, p. 1; cf. *Ordinatio.* prol. 1, q. un., n. 1, pp. 1-2.
22 *de An.* III.9, 432b21-2.

Unde Philosophus secundo *De caelo* dicit quod inconveniens est dicere quod natura dedit virtutem progressivam stellis nisi dederit eis organa ad gradiendum. Cum ergo natura non deficit sensui necessariis quin sensus posset acquirere suam perfectionem ex puris naturalibus, multo fortius nec deficit intellectui.

⟨4⟩

4.04 Praeterea, qui potest cognoscere aliquod principium naturaliter, potest naturaliter cognoscere omnem conclusionem contentam in illo principio, quia cognitio conclusionis non dependet nisi ex cognitione principii et deductione conclusionis a principio, quae deductio est evidens per dici de omni vel de nullo; sed nos naturaliter intelligimus prima principia in quibus naturaliter continentur omnes conclusiones; ergo omnes conclusiones ex puris naturalibus possumus cognoscere. Quod autem naturaliter cognoscamus prima principia patet, quia primum principium habet terminos communissimos qui concipiuntur ab omnibus et principia cognoscimus inquantum terminos et caetera; et omnes conclusiones continentur in primis principiis, quia ex quo termini primi principii sunt communissimi continent omnes conceptus particulares, et illis distributis, fit distributio pro omnibus.

⟨Ab oppositum⟩

4.05 Ad oppositum: si sic, tunc homo posset ex puris naturalibus tot cognoscere quot prima causa novit, quod est inconveniens.

⟨Responsio⟩

⟨Opinio Philosophorum⟩

4.06 Ad istam quaetionem, aliter dicunt philosophi et aliter theologi. Philosophi dicunt quod homo posset ⟨acquirere⟩ cognitionem sibi necessariam ex pure naturalibus, et hoc est ex dignitate naturae quod possit acquirere

---

23 *Cael.* II.8, 290a29-35.
27 For the 3rd arg. *quod sic* see Scotus, *Lectura* prol. 1, q. un., n. 2, pp. 1-2; cf. *Ordinatio* prol. 1, q. un., n. 2, p. 3.
31 *APr* I, 24b23-26; *AL*, p. 6, ll. 16-20. *APo* I.2, 71b9-12. *AL*, p. 7, ll. 5-7.
32 *APr* I.1, 24b26-30; *AL*, p. 6, ll. 20-23.
37 *APo* I.3, 72b23-25; *AL*, p. 10, ll. 18-21.
40 For the 4th arg. *quod sic* see Scotus, *Lectura* prol. 1, q. un., nn. 9-11, p. 4; cf. *Ordinatio* prol. 1, q. un., nn. 9-11, pp. 7-8.

suam perfectionem. Hoc est de intentione Philosophi tertio *De anima* qui dicit quod intellectus ⟨agens⟩ est quo est omnia intelligibilia facere et intellectus possibilis est quo est omnia intelligibilia fieri. Si ista duo naturaliter sunt in anima, tunc arguitur sic: agente et patiente, sequitur necessario actio; intellectus agens, qui est activus omnium intelligibilium, et possibilis, qui est omnium intelligibilium passivus, sunt naturaliter in anima; ergo ex his potest causari notitia cuiuscumque intelligibilis.

4.07 Hoc confirmatur sic: cuilibet potentiae passivae naturali correspondet potentia activa naturalis; sed intellectus possibilis est naturaliter passivus respectu omnium intelligibilium, quia naturaliter inclinatur ad omnia intelligibilia cognoscenda; ergo est potentia passiva respectu omnium intelligibilium; ergo sibi correspondet potentia activa naturalis, quia illa potentia est frustra in natura quae non potest reduci ad actum per aliquid in natura; ergo in anima sunt potentiae naturales per quas potest acquiri cognitio omnium intelligibilium.

⟨Opinio Henrici Gandavensis⟩

4.08 Aliter dicunt alii quia aliqua sunt quae possunt cognosci ex pure naturalibus et aliqua non. Unde dicitur quod omnium intelligibilium habentium ordinem ita quod postremum natum est cognosci per praecedens, si primum posset cognosci ex pure naturalibus, ergo et postremum. Et ideo, si homo ex pure naturalibus possit attingere ad cognitionem priorum principiorum speculabilium, // poterit attingere ad cognitionem sequentium ex principiis; et si non ad principia nec ad conclusiones. Nunc autem in aliquibus cognoscibilibus primum illorum non potest cognosci nec sciri ex pure naturalibus, sed solum ex speciali illustratione primae causae, ut in his quae sunt simpliciter credibilia; et in talibus non contingit hominem scire aliquid ex pure naturalibus. Unde et philosophi qui habuerunt naturalem intellectum acutum, cum logici sunt, de fine ultimo vel erant dubii de fine vel erraverint; unde philosophus dixerit cognitionem acquisitam esse felicitatem, et si intellexerit quod fuit finis huius vitae, tamen fuit

---

47 intelligibilia] facilia C   64 ideo] et *add.* C

46 *de An.* III.5, 430a14-15.
52 For the *Opinio philosophorum* (4.06-4.07) see Scotus, *Lectura* prol. 1, q. un., nn. 5-6, pp. 2-3; cf. *Ordinatio* prol. 1, q. un., nn. 5-6, pp. 4-5.
54 *de An.* III.5, 430a10-14.
61 Henry of Ghent, *Summa* I, a. 1, q. 2 (f. 4rB).
73 E.g. *EN.* I.6, 1097b22-1098a20; X.7, 1177a12-b1.

dubius an fuit alia vita. Unde omnes sequentes naturalem rationem circa finem aut erraverint aut erant dubii quis esset finis. Verumtamen etsi in cognitionem talium non posset homo devenire per potentias naturales, scire tamen et intelligere potest competere homini ex pure naturalibus. Aliter, homo ex pure naturalibus nullam operationem haberet, et sic quoad hoc esset inferior omnibus aliis creaturis.

⟨Opinio aliorum theologorum⟩

4.09 Sed hic dicunt aliqui quod istae actiones scire et intelligere per quas homo acquirit suam perfectionem egent speciali illustratione propter earum dignitatem. Cum tamen caeteri agant suas actiones ex puris naturalibus, hoc enim est propter imperfectionem illarum actionum. Et non est inconveniens quod una res indigeat pluribus ad hoc quod exeat in suam operationem, quando alia res indiget paucioribus ad hoc quod exeat in operationem minus perfectam. Sed istud non videtur verisimile quod inter res naturales homo sit quiddam perfectissimum, et tamen quod homo ex pure naturalibus nullam perfectionem habeat, cum res naturalis ex hoc dicitur perfecta, quia naturaliter in perfectam operationem.

⟨Ad 1⟩

4.10 Ad primum argumentum: secundum istud dicendum quod desiderium naturale non est frustra nec desiderat homo naturaliter scire omnem conclusionem demonstrationis, sed solum illam in quam potest ex pure naturalibus.

⟨Ad 2⟩

4.11 Ad aliud concedendum quod quodlibet contentum sub primo obiecto alicuius potentiae potest per se apprehendi ab illa potentia apprehensione simplici. Et ideo quodlibet contentum sub obiecto intellectus potest cogno-

---

90 perfectam] imperfectam C

76 Cf. Scotus, *Lectura* prol. 1, q. un., n. 14, p. 5; *Ordinatio* prol. 1, q. un., n. 14, p. 10.
81 Henry of Ghent, *Summa* I, a. 1, q. 2 (f. 4rB). Cf. Bonaventure, *De scientia Christi*, q. 4, fa. 17-19, 21, 24-25; *Opera Omnia* V, pp. 19-20.
91 Vide supra, 4.01.
94 Cf. Henry of Ghent, *Summa* I, a. 1, q. 2 (f. 8vT).
95 Vide supra, 4.11.

sci ab intellectu prima operatione intellectus; non tamen habet intellectus naturaliter iudicare an sit verum vel non.

⟨Ad 3⟩

4.12 Ad aliud, quod quia natura non deficit in necessariis, ideo potest homo ex pure naturalibus in cognitionem omnium quae sunt ei necessaria inquantum est unum ens naturale. Sed isto modo non est necessaria cognitio cuiuslibet in credibilibus.

⟨Ad 4⟩

4.13 Ad aliud, quod quia potest naturaliter in cognitionem huius 'quidlibet est vel non est'; ideo potest naturaliter in cognitionem cuiuslibet sequentis ad istam. Et ideo homo potest naturaliter in cognitionem huius 'Deus est vel non est', et sic de quolibet tali. Sed ex hoc non sequitur quod possit in cognitionem huius 'Deus est vel Deus ⟨non⟩ est trinus', et sic de aliis, quia nulla talis includitur in ista 'quidlibet est vel non est'.

104 quod] cognitio *add. sed exp.* C | potest] *corr.* C

99 Cf. Henry of Ghent, *Summa* I, a. 1, q. 2 (f. 5rD-E).
100 Vide supra, 4.03.
104 Vide supra, 4.04.
109 Cf. Henry of Ghent, *Summa* I, a. 1, q. 12 (f. 22r-vL); a. 5, q. 3 (f. 37rB-D); a. 13, q. 3 (f. 91vA-92vH); Scotus, *Lectura* prol. 1, q. un., nn. 44-8, pp. 18-21; *Ordinatio* prol. 1, q. un., nn. 63-5, pp. 38-40; nn. 83-9, pp. 50-4.

⟨QUAESTIO V⟩ 83

5.01 Quia omnis doctrina et disciplina fit ex praeexistenti cognitione, ideo circa praecognitiones est intelligendum. Ad demonstrationem enim requiruntur principia quae ingrediuntur demonstrationem; et etiam requiritur aliud principium, quod dicitur esse dignitas, quod non ingreditur demonstrationem nisi in virtute. In demonstratione etiam sunt subiectum, de quo concluditur passio, et passio conclusa. Unde loquendo de praecognitionibus subiecti et passionis et dignitatis non ingredientis demonstrationem, sunt duae praecognitiones, scilicet quid est et quia est, et tertia praecognita, scilicet subiectum, passio et dignitas. // De passione debet praecognosci quid significatur per nomen, de dignitate debet praecognosci quia est, et de subiecto debet praecognosci quid est et quia est. Et dicuntur istae 'praecognitiones', quia ista oportet scire antequam habeatur scientia conclusionis.

5.02 De ipso quid est sciendum, secundum quod vult Themistius in commento, quod duplex est quid, scilicet quid nominis et quid rei. Et est differentia inter ista, quia scire quid nominis non est nisi scire referre nomen in suum significatum. Sed quia nullus potest referre nomen in significatum nisi aliquo modo cognoscat illam rem significatam, ideo qui habet praecognitionem quid nominis, aliquam cognitionem habet de re, licet imperfectam. Sed scire quid rei est scire resolvere rem in sua principia essentialia ex quibus componitur. Unde quid nominis est conceptus per quem nomen resolvitur in suum significatum, sed quid rei est conceptus per quem res resolvitur in sua principia essentialia, ut in genus et differentiam.

5.03 Et aliquis potest scire quid nominis, etsi non sciat quid rei. Verbi gratia, si dicatur puero quod quaerat equum, quaerit equum et non asinum nec bovem, quod non esset nisi puer sciret quid significatur hoc nomine 'equus'. Et ideo puer habet istam praecognitionem quae est quid nominis. Non tamen scit quid rei, quia non scit ex quibus principiis essentialibus componitur equus. Non enim scit quod equus componitur ex tali genere et tali differentia.

5.04 Sciendum quod illa praecognitio quae dicitur quid est, est quid nominis et non quid rei, quia Philosophus loquitur hic de praecognitionibus quae requiruntur in omni demonstratione. Sed non in omni demonstrati

---

1 *APo* I, 71a1-2; *AL*, p. 5, ll. 1-2.
2 Ibid. 11-17; *AL*, p. 5, ll. 12-18.
14 Themistius, *In Anal. Post.* A.1, pp. 3, 5-7. Cf. Ps.-Scotus, *Super lib. Post.* I, q. 4, p. 211.
32 *APo* I, 71a11-17; *AL*, p. 5, ll. 12-18.

one oportet de subiecto praecognoscere quid rei, ut in demonstratione quia, quia sic idem demonstraretur et praecognosceretur. Sed tamen in demonstratione propter quid de subiecto debet praecognosci quid rei. Sed quia hoc non est commune in omni demonstratione quod praecognoscatur quid rei de subiecto, ideo Philosophus non posuit quid rei esse unam praecognitionem, sed quid nominis. Quia hoc est commune in omni demonstratione quod de subiecto debet cognosci quid significatur per nomen.

5.05 Sed dubium est: cum scientia acquisita per inventionem possit acquiri absque sermone, non videtur quod in tali scientia debeat de subiecto praecognosci quid nominis. Dicendum quod in scientia acquisita per inventionem oportet cognoscere quid nominis, sed hoc non est cognoscere vocem prolatam significare talem rem. Sed hoc est habere conceptum de re repraesentem talem rem imperfecte, qui conceptus potest dici nomen rei, quia, secundum quod communiter ponitur, voces significant conceptus et conceptus significant res. Unde scientia habita per inventionem acquiritur per sensum, et per sensum primo acquiritur aliqua notitia de re, quae notitia debet praesupponi notitiae postea acquisitae per demonstrationem.

5.06 Adhuc est dubium: cum praecognitio quid est solum sit quid nominis, videtur quod de dignitate debeat praecognosci quid est, quia oportet praecognoscere significatum dignitatis sicut et significatum subiecti vel passionis. Dicendum quod de nullis debet praecognosci quid nominis nisi de eo quod significat aliquid sub propria ratione. Nunc autem, etsi complexum possit habere quid nominis, hoc non est ratione sui, sed ratione suarum partium.

5.07 Ulterius est dubium: quae istarum praecognitionum sit prior, utrum praecognitio quid est vel praecognitio quia est. Et dicendum quod in scientia inventa quia est praecedit quid est, sed in scientia habita per doctrinam quid est praecedit quia est, quoniam // scientia inventa acquiritur per sensum ⟨et⟩ scientia habita per doctrinam acquiritur per sermonem. Nunc autem per sensum statim percipimus quia res est, ut videndo solem vel aliquid aliud, et postea cogitamus quid est illud. Sed in sermone est econtra, quia primo oportet scire quid est quod dicitur, et postea cogitamus si illud sit: ut si nominetur nobis hircocervus, primo oportet scire quid significatur per hoc nomen, et postea est cogitandum utrum quod significatur illo nomine sit in rerum natura vel esse possit.

C 122r2

41 acquisita] *corr.* C

48 *Int.* 1, 16a 3-4; *AL*, p. 5, ll. 4-6.
54 Cf. Ps.-Scotus, *Super lib. Post.* I, q. 5, pp. 212-214.

⟨QUAESTIO V⟩ 85

5.08 De praecognitione quia est, est dubitatio an debeat praecognosci de passione. Et dicunt aliqui quod non, quia passionis esse est inesse subiecto; ergo praecognoscere passionem esse est praecognoscere passionem subiecto inesse; et ita ante scientiam conclusionis esset notum quod passio inesset subiecto, quod falsum est. Sed istud non valet, quoniam philosophi propter mirari, coeperunt philosophari, ut quia viderunt effectus mirabiles, quaerebant causas talium effectuum: ut videlicet quia videbant lunam eclipsari, causam eius quaerebant. Et sic scientiam invenerunt, et nisi eclipsim lunae vidissent nunquam causam eius quaesivissent. Antequam ergo habeatur scientia de eclipsi lunae, cognoscitur quod eclipsis est, et sic non est inconveniens quod cognoscatur passio inesse subiecto ante scientiam acquisitam per demonstrationem. Unde sciendum quod non est inconveniens scire passionem inesse subiecto antequam sciatur conclusio per demonstrationem. Sed quia tamen non semper cognoscitur quod passio insit subiecto antequam habeatur scientia per demonstrationem, et quia Philosophus hic non determinat nisi de praecognitionibus quae semper requiruntur in omni demonstratione, ideo non ponit quod de passione sit praecognoscendum quia est, et hoc quia hoc non semper est necessarium.

5.09 Sciendum quod in scientia inventa, ante scientiam habitam de conclusione per demonstrationem, oportet aliquando praecognoscere passionem inesse subiecto, sed aliter quam post demonstrationem. Quia ante demonstrationem passionem inesse subiecto est praecognitum tamquam aliquid miratum, sed post demonstrationem passionem inesse subiecto est cognitum tamquam per causam investigatum et per demonstrationem conclusum.

5.10 Sciendum quod ista praecognitio quia est non est loquendo de esse existere, quia de subiecto non existente potest haberi scientia; sed esse quod debet praecognosci de subiecto est esse scibile. Nam antequam cognoscatur quod passio insit subiecto, oportet praecognoscere quod subiectum sit unum tale de quo possit passio concludi per demonstrationem; et sic debet praecognosci quod subiectum sit unum scibile sic quod aliud possit de eo sciri. Unde posito quod aliqua species nec haberet esse existere nec etiam quod haberet esse in suis causis, adhuc de tali specie possit concludi passio demonstratione. Et ideo esse praecognitum de subiecto non est esse existere nec esse non prohibitum, quia tale esse habet antichristus, sed debet esse esse scibile.

70 Cf. Ps.-Scotus, *Super lib. Post.* I, q. 6, pp. 214-216.
75 *Metaph.* A.2, 982b12-17. Cf. Plato, *Theatetus* 155D
84 *APo* I.1, 71a11-17; *AL*, p. 5, ll. 12-18.
95 Cf. Ps.-Scotus, *Super lib. Post.* I, q. 7, p. 217.

5.11 ⟨C⟩irca praecognitiones principiorum ingredientium demonstrationem sciendum, secundum Philosophum, quod maior prius tempore cognoscitur quam conclusio. Sed minor, si notum sit quod minor extremitas contineatur sub medio, cognita maiore, simul tempore cognoscitur cum conclusione, sed prius natura. Quia minor est causa conclusionis et causa naturaliter est prior // effectu.

C 122v1

5.12 Circa istud sciendum quod cognitio est duplex, scilicet in universali et in particulari. Aliquid cognoscitur in universali quando universale antecedens ad ipsum cognoscitur: et sic cognosco quod haec mula est sterilis per hoc quod cognosco quod omnis mula est sterilis. Cognitio ⟨in⟩ particulari est duplex, scilicet in actu et in habitu. Dico tunc quod, cognita maiore in demonstratione, simul tempore cognoscitur conclusio in universali; prius tamen tempore cognoscitur maior in particulari quam cognoscatur conclusio in particulari. Sed ad hoc quod, cognita minore cum maiore, simul tempore cognoscatur conclusio, requiritur quod cognoscatur quod conclusio sequatur ex praemissis. Et tunc simul tempore cognoscit conclusionem in particulari, sed solum in habitu et non in actu, quia tunc simul actualiter consideraret minorem et conclusionem.

5.13 Et quod oporteat quod cognoscatur quod conclusio sequatur ex praemissis, patet, quia hoc innuit Philosophus per hoc quod dixit: simul inducens cognovit. Unde in mixtionibus, cognita maiore et minore et cognito quod minor extremitas contineatur sub medio, non oportet propter hoc quod cognoscatur conclusio, quia quidam cognoscentes ista concedunt praemissas et negant conclusionem; et ideo requiritur plus quod cognoscatur habitudo quae est inter praemissas et conclusionem.

⟨V⟩

⟨Q⟩uaeratur utrum omnis demonstratio sit syllogismus faciens scire.

⟨1⟩

5.14 Videtur quod non, nam in scientia subalternata sunt demonstrationes quae non faciunt scire. Probatio: nam principia talium demonstrationum non sunt certa, sed solum credita, et per consequens non faciunt scire.

107 maiore] cum *add.* C

105 *APo* I.1, 71a17-24.
111 Cf. Ps.-Scotus, *Super lib. Post.* I, q. 8, p. 219.
123 *APo* I.1, 71a21; *AL*, p. 6, ll. 5-6.

⟨QUAESTIO V⟩ 87

Probatio assumpti: si principia scientiae subalternatae essent certa, aut hoc esset ex aliquibus prioribus aut ex evidentia terminorum. Non primo modo, quia sic aliquis artifex haberet probare sua principia per priora. Nec secundo modo, quia principia in scientia subalternata non cognoscuntur ex evidentia terminorum. Sic enim cognoscerentur ex hoc quod termini cognoscuntur, et sic non essent conclusiones in scientia subalternante.

5.15 Si dicatur quod principia in scientia subalternata sunt certa per principia scientiae subalternantis, contra: scientia subalternans et scientia subalternata sunt habitus distincti, et per consequens potest aliguis habere scientiam subalternatam antequam habeat scientiam subalternantem. Et tunc habet demonstrationem et illa tamen demonstratio non facit scire, quia sua principia non sunt sibi certa per principia scientiae subalternantis, quia illa principia adhuc sunt ignota.

5.16 Similiter, volo loqui de scientia subalternata secundum quod distinguitur a scientia subalternante. Isto modo adhuc in scientia subalternata sunt demonstrationes, sed, ut sic, principia non sunt nota per principia scientiae subalternantis.

⟨2⟩

5.17 Aliud principale: omnis syllogismus faciens scire est ex veris, cum nihil scitur nisi verum; sed non omnis demonstratio est ex veris, ergo non omnis demonstratio est syllogismus faciens scire. Probatio minoris: nam quaedam est demonstratio ad impossibile, et talis non est ex veris, cum una praemissarum sit falsa.

5.18 Huic dicitur quod in syllogismo ad impossibile est triplex discursus. Primo est unus discursus // a praemissis ad conclusionem; et postea est alius discursus a falsitate conclusionis, cum praemissa vera, ad falsitatem hypothesis; et tertio est alius discursus qui est a falsitate hypothesis ad veritatem sui oppositi. Unde, etsi primus discursus non sit ex veris, secundus tamen et tertius sunt ex veris.

5.19 Contra istud: non solvitur, quia nec secundus discursus nec tertius est demonstratio, nec compositum ex istis duobus vel ex omnibus tribus, cum nullum istorum sit syllogismus. Ergo, si syllogismus ad impossibile sit demonstratio, oportet quod solum primus discursus sit demonstratio. Cum

150 *APo* I.2, 71b19-22; *AL,* p. 7, ll. 16-18.
154 Cf. Ps.-Scotus, *Super lib. Post.* I, q. 11, p. 225.
155 *APr* II.11, 61a26-33; *AL,* p. 115, ll. 71-74.

ergo ille discursus non sit ex veris, sequitur quod non omnis demonstratio est ex veris.

⟨3⟩

5.20 Aliud principale: si omnis demonstratio sit syllogismus faciens scire et nihil scitur nisi quod impossibile est aliter se habere, ut patet ex definitione ipsius scire, oportet quod omnis conclusio demonstrationis esset necessaria. Sed hoc est falsum, quoniam hoc est contingens 'homo est risibilis'. Probatio: quia subiectum se habet respectu suae passionis in ratione causae materialis, et non in ratione alicuius alterius causae; ergo subiectum non determinat sibi suam passionem, quia nihil determinat sibi aliquid ratione materiae; ergo subiectum potest derelinquere suam propriam passionem.

5.21 Si dicatur quod subiectum respectu suae passionis habet rationem causae efficientis, contra: efficiens respectu effectus est in actu et materia in potentia. Si ergo subiectum respectu passionis habeat rationem causae efficientis, et certum est quod habet rationem causae materialis, tunc idem respectu eiusdem esset in actu et in potentia, quod est inconveniens.

5.22 Si dicatur quod hoc non est inconveniens dummodo sit ratio diversorum, unde subiectum ratione materiae recipit suam passionem et ratione formae efficit suam passionem, contra: subiectum ratione suae materiae non magis determinatur ad unam passionem quam ad aliam, quia materia est de se indifferens ad omnem formam materialem. Ergo, si subiectum ratione materiae reciperet suam passionem, ideo non haberet unde magis reciperet risibilitatem quam rudibilitatem, quod falsum est.

⟨Ad oppositum⟩

5.23 Ad oppositum est Aristoteles.

⟨Responsio⟩

5.24 Circa istam quaestionem primo oportet videre quid est scire, et quot modis dicatur.

5.25 Sciendum est ergo, secundum Lincolniensem, quod scire dicitur quatuor modis: communiter, proprie, magis proprie, et maxime proprie. Scien-

---

169 *APo* I.2, 71b9-12; *AL*, p. 7, ll. 4-7.
174 Cf. Ps.-Scotus, *Super lib. Post.* I, q. 16, pp. 240-241; q. 25, pp. 270-3. Aquinas, *Exp. Lib. Post.* I, lect. p. 39, ll. 51-67.
187 *APo* I.2, 71b17-18; *AL*, p. 7, ll. 13-15.
190 Grosseteste, *Commentarius In Post. Anal.* I.2, pp. 99-100, ll. 9-24.

⟨QUAESTIO V⟩

tia communiter dicta est apprehensio cuiuscumque veritatis indifferenter, sive contingentis sive necessariae. Scientia proprie dicta est apprehensio veritatis quae semper vel ut in pluribus uniformiter se habet, et isto modo sciuntur contingentia nata et quaecumque necessaria. Scientia magis proprie dicta est apprehensio cuiuscumque necessarii, sive illud sit principium sive conclusio. Scientia maxime proprie dicta est apprehensio necessarii cuius necessitas haberet⟨ur⟩ per causam, et isto modo sciuntur solum conclusiones demonstrationis.

5.26 Sciendum quod scire maxime proprie dicta includit quatuor conditiones. Una est quod scientia isto modo dicta sit certa cognitio, et per istam conditionem distinguitur ab opinione. Secunda conditio est quod sit ex necessariis, et tertia est quod eius certitudo ex aliquo priori formaliter dependeat, et quarta quod causetur ex applicatione principii talis ad conclusionem. Non enim sufficit quod sit // causa in se et cognoscatur absolute, sed quod fiat actualis applicatio eius ad conclusionem inferendam.

5.27 Illa duo ultima patent ex definitione Philosophi, scilicet quod 'scire est causam cognoscere', quoad tertium; et quoniam 'illius est causa', quoad quartum; et quoniam 'impossibile est aliter se habere', quoad duo prima, scilicet quoad necessitatem rei et certitudinem cognitionis. Isto viso, dicendum est quod demonstratio proprie dicta est syllogismus faciens scire. Nec potest hoc probari a priori, quia significatum vocabuli non potest probari. Si enim aliquis istud probare⟨t⟩ per hoc, quod demonstratio est ex primis et veris et caetera, quod ideo demonstratio est syllogismus faciens scire, cum probetur quod demonstratio est ex primis et veris per hoc, quod demonstratio est syllogismus faciens scire, idem probaretur per se ipsum, et esset probatio circularis.

⟨Ad argumenta⟩

⟨Ad 1⟩

5.28 Ad primum argumentum dicendum quod demonstratio facta in scientia subalternata facit scire, sed non facit scire simpliciter accipiendo scire proprissime; scire tamen facit. Unde nos scimus dupliciter: vel testimonio alieno et exteriori vel testimonio proprio et interiori. Primo modo scimus,

---

213 istud] ? C   217 probatio] sit *add. et exp.* C

201 Cf. Themistius, *In Anal. Post.* A.2, p. 5, ll. 5-10. Ps.-Scotus, *Super lib. Post.* I, q. 10, p. 223.
207 *APo* I.2, 71b9-12; *AL*, p. 7, ll. 5-7.
218 Vide supra, 5.14.

scilicet civitates et terras esse quas non vidimus, sed ista scientia non est certa sicut illa quam habemus testimonio proprio et interiori. Cum ergo dicitur quod principia scientiae subalternatae non sunt certa, dicendum quod sic, sed non sunt ita certa sicut et principia scientiae subalternantis vel sicut principia quae sunt certa ex evidentia terminorum.

5.29 Et cum tu quaeris qualiter principia scientiae subalternatae sunt certa, dicendum, secundum novum expositorem undecimo *Metaphysicae*, quod principia scientiae subalternatae possunt habere evidentiam et certitudinem ex se, ita quod scientia subalternata non omnino supponit sua principia a superiori scientia, sic quod de eis nullam fidem faciat, sed eam declarat a posteriori, scilicet via sensus et experientiae, secundum quod quidam dicunt. Quae probatio, si quantum ad aliquem negantem fidem non sufficiat, tunc scientia superior debet ea probare. Unde breviter, demonstratio in scientia subalternata facit scire, sed non facit scire ita certitudinaliter sicut demonstratio in scientia subalternante.

5.30 Et potest aliqua scientia habita per demonstrationem habere scientiam certiorem ea, sicut patet in exemplo de conclusione astrologiae. Nam de eclipsi lunae, quam credit discipulus, magistro docente, est magister certus per demonstrationem, et adhuc posset evidentius cognoscere, videndo scilicet praesentialiter interpositionem terrae. Unde de eadem conclusione potest esse fides et certa scientia, quia aliquis potest cognoscere eandem conclusionem per syllogismum demonstrativum, qui inducit scientiam, et per syllogismum dialecticum, qui inducit opinionem.

⟨Ad 2⟩

5.31 Ad aliud principale, quod syllogismus ad impossibile non est demonstratio nisi secundum quid. Unde demonstratio uno modo potest dici omnis discursus qui inducit scientiam necessariam, et sic syllogismus ad impossibile est demonstratio. Alio modo demonstratio sumitur magis stricte secundum quod est discursus syllogisticus inducens cognitionem certam, et sic utitur demonstrator demonstratione, et syllogismus ad impossibile non est demonstratio. //

231 faciat] ? C   241 unde] *corr.* C

227 Vide supra, 5.15.
228 Non invenitur.
233 Non invenitur.
245 Vide supra, 5.17-5.19.

⟨Ad 3⟩

5.32 Ad aliud principale dicendum quod conclusio demonstrationis est necessaria, nec potest subiectum derelinquere suam propriam passionem. Et cum dicitur quod subiectum non habet nisi rationem causae materialis respectu suae passionis, potest dici quod hoc est falsum secundum quod dicit expositor Thomas. Dicit enim quod subiectum respectu suae passionis se habet in duplici genere causae, scilicet in genere causae materialis et efficientis. Et ideo propositio in qua praedicatur passio de subiecto est per se penes secundum modum et etiam penes quartum.

5.33 Sed sciendum quod, sicut vult Avicenna sexto *Metaphysicae* suae, quod causa efficiens est duplex: quiddam dicitur esse efficiens respectu esse et quiddam respectu fieri. Exemplum secundi: sic enim aedificator dicitur causa efficiens respectu domus; et tali efficiente destructo, non oportet effectum destui. Aliud est efficiens respectu esse, sicut sol est causa efficiens luminis in medio; et tali efficiente destructo vel absente, necesse est effectum abesse. Ideo, absente sole, abest et lumen in medio. Unde si subiectum sit causa efficiens passionis, est causa efficiens esse et non fieri. Posito ergo quod subiectum sit causa materialis suae passionis, dicendum est ad argumentum, cum dicitur quod subiectum potest derelinquere suam propriam passionem, quia ratione materiae non determinat aliquid sibi, quod subiectum in eo quod est propria materia et proprium subiectum talis passionis determinat sibi talem passionem. Nec est contra rationem materiae sibi aliquid determinare, quoniam materia prima sibi determinat quod sit principium corruptionis et etiam quod sit ingenerabile et incorruptibile.

5.34 Si tu dicas: si subiectum sibi determinet suam passionem, tunc determinare sibi talem passionem inest subiecto; ergo aut subiectum hoc sibi determinat vel non. Si non, ergo determinare sibi talem passionem potest non inesse subiecto. Si sic, tunc subiecto inest determinare sibi hoc, quod est determinare sibi talem passionem; aut ergo subiectum sibi hoc determinat vel non. Si non, potest hoc derelinquere. Si sic, tunc subiectum determinat sibi determinare sibi determinare sibi talem passionem, et sic in infinitum.

---

261 quiddam] quoddam C   264 tali] *corr.*   268 subiectum] non *add. et exp.*
C   269 aliquid] ad C | sibi] dicendum *add.* C

251 Vide supra, 5.20.
259 Avicenna, *Met.* 6.1, pp. 291-292, ll. 14-24.

5.35 Ad istud, quod si per 'determinare' intelligatur quod res determinat sibi quidquid necessario inest rei, sic possumus dicere quod subiectum sibi determinat determinare sibi talem passionem, et adhuc determinat sibi determinare sibi hoc, scilicet quod sibi determinet talem passionem. Et si sic procedatur in infinitum, non est inconveniens, nec erit nugatio. Verbi gratia, haec est insolubili⟨s⟩ '"homo est" est', quia praedicatur esse de una propositione quae est. Et si esse praedicetur de ista tota propositione, adhuc erit propositio vera: haec enim est vera '"'homo est' est" est', quia praedicatur esse de una propositione quae est. Nec est nugatio, etsi procedatur in infinitum, quia non est inutilis repetitio eiusdem, cum semper praedicetur esse de eo quod est.

5.36 Ad aliud argumentum quod probat quod subiectum non habet rationem causae efficientis respectu passionis, quia sic idem respectu eiusdem esset in actu et in potentia; sed dicendum quod potentia multis modis dicitur, scilicet potentia cum actu, et potentia ante actum. Actus et potentia ante actum sunt duae oppositae in quolibet genere, et sic impossibile est quod idem respectu eiusdem sit in actu et in potentia. Actus tamen et potentia cum actu non sunt opposita, et isto modo subiectum est in actu et in potentia respectu suae // propriae passionis. Unde si potentia et actus omnimodo essent opposita, nulla esset potentia cum actu, sicut nec unum oppositorum est cum reliquo.

---

293 Vide supra, 5.21-5.22.
296 *Metaph.* 5.12, 1019a15-23.

⟨VI⟩

⟨Q⟩uaeratur utrum ad scientiam proprie dictam requiratur cognitio omnium causarum?

⟨1⟩

6.01 Videtur quod sic, quia ⟨per⟩ philosophum primo *Physicorum*: tunc opinamur scire unumquodque cum causas primas cognoscimus usque ad elementa; ad hoc ergo quod aliquid sciatur proprie requiritur cognitio omnium causarum usque ad causas primas.

⟨2⟩

6.02 Praeterea, eadem sunt principia essendi et cognoscendi, sicut patet ex secundo *Metaphysicae*; sed res non habet esse ex una causa tantum, sed ex omnibus; ergo res non scitur perfecte per unam causam, sed ad hoc quod sciatur perfecte requiritur cognitio omnium causarum.

⟨3⟩

6.03 Praeterea, si aliquid perfecte cognoscatur, oportet quod aliqua causa eius cognoscatur, et illa causa cognita, oportet causam eius cognosci, et sic oportet cognoscere causam illius causae, et sic usque deveniatur ad primam causam. Ergo ad hoc quod aliqua res cognoscatur, oportet primam causam cognosci, et ita videtur quod omnes causae debent cognosci.

⟨Ad oppositum⟩

6.04 Ad oppositum: si ad perfectam cognitionem rei requiratur cognitio omnium causarum, cum prima causa sit causa omnium causatorum, ad hoc quod aliquid cognoscatur oporteret cognoscere primam causam. Dicitur quod, ad hoc quod aliquid perfecte cognoscatur, oportet cognoscere omnes eius causas in genere, sed non oportet cognoscere causam extra genus cuius est prima causa.

6.05 Contra: capio rem cuius cognitio habetur per causam: qui cognoscit illam rem oportet cognoscere causam efficientem in genere illius rei, quia cognoscit omnes causas eius in genere. Capio illam causam efficientem: illa est cognita, ergo causa eius efficiens est cognita; aut ergo est procedere in

---

3 *Ph.* I.1, 184a12-14.
8 *Metaph.* A.1, 993b30-1.

infinitum isto modo, aut est stare ad causam primam. Si sit standum ad primam causam, habetur propositum. Si sit procedere in infinitum, tunc nihil convenit cognoscere per causam, quia cuius cognitio per causam dependet ex cognitione infinitarum causarum, impossibile est quod illud per causas cognoscatur, cum impossibile sit cognoscere infinitas causas.

6.06 Dicitur quod est status ad primam causam in genere. Et ad hoc quod ipsa cognoscatur, non oportet cognosere eius causam, quia non habet causam nisi extra genus. Et ad hoc quod res cognoscatur, non oportet cognoscere causam eius extra genus nisi imperfecte.

6.07 Contra: probo quod, si res cognoscatur, quod quaelibet causa eius perfectius cognoscetur, quia nullus habet cognitionem de re nisi per suas causas; sed unumquodque propter quod et illud magis; ergo oportet causas magis cognosci.

⟨Responsio⟩

6.08 Ad quaestionem dicendum quod res habens causas ⟨in⟩quantum est, de se nata est cognosci per omnes eius causas, sive habeat plures causas sive unam tantum. Quod patet, quia ex eisdem est res nata cognosci ex quibus est nata esse. Cum ergo res non tantum habeat esse per unam causam sed per omnes, patet quod res est nata cognosci per omnes causas eius. Verumtamen res non est nata cognosci ab intellectu nostro per omnes eius causas, cuius declaratio est: quoniam si res esset nata cognosci ab homine per omnes eius causas, tunc homo natus esset cognoscere rem per omnes eius causas, quia cuilibet potentiae activae naturali correspondet potentia passiva naturalis. Sed ex cognitione omnium causarum non est homo natus devenire in cognitionem effectus, quia non ex cognitione causae primae; sed magis econtra, ex cognitione omnium effectuum natus est cognoscere causam primam. // Similiter, nec res est nata apprehendi ab intellectu nostro per omnes causas eius.

6.09 Hoc etiam patet aliter, quia diversimode est intellectus noster natus cognoscere rem et intellectus primi; sed intellectus primi est natus cognoscere rem ex omnibus causis eius et per causam simpliciter primam; ideo intellectus noster non est sic natus cognoscere rem, sed magis ex cogniti-

34 probo] *iter.* C   46 quia] quaelibet *add. et exp.* C | naturali] naturalis C

36-37 *APo* I.2, 72a29-30; *AL,* p. 9, ll. 13-14.
46-47 *de An.* III.5, 430a10-14.
51 Cf. supra, 4.01, 4.10.

one effectus devenit in cognitionem causae primae. Intellectus tamen noster natus est devenire in cognitionem rei ex aliquo primo quod est quasi principium. Et si hoc habeat causam, intellectus noster non est natus apprehendere eam, sicut est ratio entis et unius. Hoc enim est primum quod cadit in intellectu nostro et est notissimum, secundum quod dicit Avicenna primo suae *Metaphysicae*, nec ex alio natum est hoc cognosci. Immo sicut Deus est primum in essendo, sic ens et unum in cognoscendo.

6.10 Dicendum est ergo quod ad hoc quod res cognoscatur ab intellectu nostro proprissime, necessarium est cognoscere omnes causas secundum rationem ex quibus nata est res cognosci ab intellectu nostro. Verbi gratia, conclusionem in demonstratione necessarium est scire ex principiis, et principia ex rationibus terminorum, et illas ulterius oportet reducere in rationem entis et unius. Et tunc, si conclusio sciatur ex principiis et illa sint mediata, oportet quod reducantur ad immediata et indemonstrabilia; et illa sciuntur per terminos, et illi termini ulterius reducuntur ad rationem entis et unius, quae notissima sunt et prima. Et ideo omnia ista necessarium est scire, si aliquis debeat aliquid scire simpliciter.

⟨Ad argumenta⟩

⟨Ad 1⟩

6.11 Ad primum argumentum, cum arguitur quod tunc arbitramur cognoscere unumquodque cum causas cognoscimus primas, et caetera, dicendum est quod tunc nos scimus aliquid perfecte cum scimus omnes causas ex quibus res est nata cognosci a nobis; nec tamen oportet cognoscere omnes causas.

⟨Ad 2⟩

6.12 Ad aliud argumentum, quod, quia eadem sunt principia essendi et cognoscendi, ideo res est nata cognosci per omnes causas ex quibus dependet in essendo; non tamen est nata cognosci ab intellectu nostro per omnes causas, nec hoc concludit argumentum.

⟨Ad 3⟩

6.13 Ad aliud, quod citra primam causam est standum. Unde, cum fuerit deventum ad ens quod est notissimum, illud cognoscimus et non per aliquam causam.

61 Avicenna, *Met.* 1.5, pp. 31-2, ll. 3-5.
73 Vide supra, 6.01.
78 Vide supra, 6.02.

⟨Aliter dicunt aliqui ad quaestionem⟩

6.14 Aliter dicunt aliqui ad quaestionem, et bene, quod duplex est cognitio rei, scilicet in genere et extra genus. Ad perfectam cognitionem rei in genere non oportet cognoscere omnes causas eius propinquas et remotas, et hoc perfecta cognitione. Nam perfectus faber perfectam cognitionem habet in genere de causa materiali, sicut de ferro. Nec propter hoc oportet eum cognoscere omnes causas ferri, ut utrum scilicet componatur ex quatuor elementis vel non; sed sufficit sibi cognoscere ferrum ut habet duritiem, quia sic pertinet ad artem suam. Sed ad perfectam cognitionem rei extra genus oportet cognoscere omnes eius causas; sed talis cognitio non est homini possibilis in hac vita.

---

85 aliqui] non invenitur.

PRIMUM AUTEM DETERMINANDUM QUID DICI DE OMNI, QUID PER SE ET QUID UNIVERSALE

7.01 Philosophus intendens probare ex quibus et ex qualibus procedit demonstratio primo determinat de quibusdam quae antecedunt cognitionem huius, scilicet quid sit de omni et quid per se et quid universale.

7.02 Sciendum ergo quod de omni est quod non est in quibusdam et in quibusdam non, neque aliquando et aliquando non; sed quod est de omni et semper, sicut dicit Philosophus. Unde de omni ut pertinet // ad demonstratorem, addit, supra dici de omni de quo determinat in libro *Priorum*, universalitatem temporis, quia dici de omni in libro *Priorum* non includit nisi universalitatem suppositorum; sed dici de omni de quo determinat hic includit universalitatem suppositorum et sempaeternalitatem temporis. Ad hoc quod aliqua propositio sit de omni, secundum quod loquitur demonstrator, oportet quod sit vera pro quolibet supposito subiecti et etiam quod semper sit vera, sicut patet de ista 'omnis homo est animal rationale'.

7.03 Postea determinat de per se ponendo quatuor modos ipsius per se. Et secundum Lincolniensem, tantum sunt duo modi dicendi per se pertinentes ad demonstratorem, quia per eum, ubi est per se praedicatio, vel praedicatum est causa subiecti vel subiectum causa praedicati. Si praedicatum sit causa subiecti, sic est primus modus; sed si subiectum sit causa praedicati, sic est secundus modus. Unde in primo modo dicendi per se praedicatur definitio de definito vel pars definitionis de definito, quia et definitio et partes definitionis sunt causa definiti. Sed in secundo modo praedicatur passio de subiecto, quia subiectum est causa suae passionis, quoniam passio, cum sit accidens, definitur per subiectum suum. Unde in omni dicendi per se pertinente ad demonstratorem vel praedicatum est causa subiecti vel econtra. Unde ubi neutrum est causa alterius, non est aliquis modus dicendi per se. Et hoc intellexit Philosophus cum dixit: quae neutraliter insunt, accidentia sunt.

---

1 AUTEM] ante *ms.*, *emend. secundum text. Arist.*

2 *APo* I.4, 73a25-27; *AL*, p. 12, ll. 13-14.

8 Ibid., 73a28-34; *AL*, p. 12, ll. 15-21.

9 *APr* I.1, 24a18; *AL*, p. 5, ll. 11-12. Ibid. I.15, 34b7-18; *AL*, pp. 32-33, ll. 24-8.

16 *APo* I.4, 73a34-b24; *AL* p. 12, l. 22, p. 14, l. 2.

17 Grosseteste, *Commentarius In Post Anal.*, I.4, pp. 114-115, ll. 120-129.

28 *APo* I.4, 73b4; *AL*, p. 13, l. 6.

⟨QUAESTIO VII⟩

7.04 Alios modos ipsius per se ponit Philosophus qui non sunt dicendi per se. Sed unus est modus essendi, ut tertius modus quando 'per se' est idem quod 'solitarie'. Et quartus modus est modus causandi, ut quando in subiecto est causa efficiens praedicati.

7.05 Sciendum quod, licet nihil praedicetur per se de alio praedicatio ⟨ne⟩ qua utitur demonstrator nisi quando praedicatum est causa subiecti vel econtra, tamen multa praedicantur per se primo modo dicendi per se praedicatione qua non utitur demonstrator: ut illa in quibus praedicatur idem de se vel species de individuo, et universaliter ubi praedicatum est essentiale subiecto. Similiter, aliquando est secundus modus dicendi per se quando nec praedicatur passio de subiecto, sed ubi praedicatur accidens commune de suo subiecto immediato. Unde per Commentatorem quinto *Metaphysicae*, haec est per se 'superficies est alba', quia superficies est immediatum subiectum albedinis.

7.06 Adhuc sunt alii modi ipsius per se, secundum quod vult Lincolniensis: per se aliquando excludit causam efficientem, et sic solum causa prima est per se; et aliquando excludit causam materialem, et sic intelligentiae sunt per se; et aliquando per se est id quod est existens et non ⟨in⟩ subiecto, et sic primae substantiae sunt per se. Et iste est tertius modus quem ponit Philosophus hic.

7.07 Tamen expositor Thomas dicit quod sunt tres modi dicendi per se, scilicet primus et secundus et quartus; et tertius modus est modus essendi. Unde ipse accipit modos sic: 'per se' aliquando est idem quod 'solitarie', et sic per se accipitur in tertio modo qui est modus essendi.

7.08 Alii modi accipiuntur secundum quod li 'per' denotat circumstantiam causalem. Nam haec praepositio 'per' aliquando denotat circumstantiam causae formalis, sicut hic 'homo vivit per animam'; aliquando importat

---

36 praedicantur] praedicatur C   37 ut *corr.* C   46-47 et²...per se¹] *inser. inter lin. et etiam imo f.* C   47 ⟨in⟩] ? *eras.* C

    30 *APo* I.4, 73b5-16. *AL* p. 13, ll. 7-18. Grosseteste, *Commentarius In Post. Anal.* I.4, p. 114, ll. 111-119.
       39 subiecto] cf. Ps.-Scotus, *Super lib. Post.* I, q. 15, p. 238.
       42 Averroes, *In lib. Met.* V.18, t.c. 23, f. 132vK.
       44 Grosseteste, *Commentarius In Post. Anal.* I.4, p. 111, ll. 47-51.
       49 *APo* I.4, 73b5-10; *AL*, p. 13, ll. 7-12.
       50 Aquinas, *Exp lib. Post.* I, lect. 10, pp. 39-40, ll. 25-27, 122-135.
       51 Ibid. p. 40, ll. 98-121.
       54 Ibid. pp. 39-39, ll. 8-24.

circumstantiam causae materialis, sicut hic 'paries est albus per superficiem'; aliquando importat circumstantiam causae efficientis, sicut hic 'aqua est calida per ignem'. Secundum quod li 'per' denotat circumstantiam causae formalis, sic est primus modus dicendi per se, quia in primo modo dicendi per se praedicatur definitio de definito vel pars definitionis de definito, et quaelibet pars definitionis se habet ut forma respectu definiti. Si autem li 'per' denotet circumstantiam causae materialis, sic est secundus modus dicendi // per se, quia in secundo modo praedicatur passio de suo subiecto, et subiectum accidentis est materia respectu accidentis. Nam accidentia habent materiam in qua sunt, etsi non habeant materiam ex qua fiunt. Si autem li 'per' denotet circumstantiam causae efficientis, sic est quartus modus, quia in quarto modo in subiecto est causa efficiens praedicati ut hic: 'interfectus interiit propter interfectionem'.

7.09 Et secundum quod dixit Thomas, propositio in qua praedicatur passio de subiecto est per se secundo modo et etiam quarto modo, quia subiectum respectu suae passionis habet rationem causae materialis et etiam causae efficientis. Et per hoc patet differentia inter secundum modum et quartum. Etsi enim in eadem propositione sit secundus modus dicendi per se et etiam quartus, tamen hoc est alia ratione et alia. Quia inquantum subiectum est causa materialis praedicati, sic est secundus modus, sed inquantum in subiecto est causa efficiens respectu praedicati, sic est quartus modus. Unde posse⟨t⟩ dici quod haec propositio 'interfectum interiit, et caetera' est per se secundo modo et etiam quarto. Et cum hoc stat quod sit diversitas inter secundum modum et quartum, quia inquantum in subiecto est causa materialis praedicati est secundus modus, sed inquantum in subiecto est causa efficiens praedicati est quartus modus. Unde differentia est inter secundum modum et quartum, sed non oportet differentiam esse inter propositionem quae est per se secundo modo et propositionem quae est per se quarto modo, quia eadem propositio est per se secundo modo dicendi per se et etiam quarto modo.

7.10 Hoc ideo est videndum qualiter isti modi pertinent ad demonstrationem. Sciendum ergo quod tertius modus non universaliter pertinet ad demonstrationem, quia tertius modus est modus essendi solitarie sive non in subiecto, quomodo existunt singularia, ut primae substantiae. Sed quia subiectum demonstrationis est per se ens et subsistens, secundum tertium modum, ideo tertius modus pertinet ad demonstrationem propter subiec-

---

71-72 subiectum] *iter. et exp.* C

70 Aquinas, *Exp lib. Post.* I, lect. 10, p. 40, ll. 136-146.

tum. Sed quartus modus pertinet ad demonstrationem propter maiorem in qua praedicatur passio de definitione; in tali enim propositione in subiecto est causa efficiens praedicati. Primus modus dicendi per se pertinet ad demonstrationem propter minorem, quia in minore praedicatur definitio de definito. Secundus modus pertinet ad demonstrationem propter conclusionem, quia in conclusione demonstrationis praedicatur passio de subiecto.

7.11 Adhuc est dubitatio an aliqua negativa sit per se vera. Et dicendum quod sic, quia omnis immediata est per se vera; sed quaedam negativae sunt immediatae verae, illae in quibus praedicatum removetur a subiecto per propriam rationem subiecti. Unde sciendum quod sicut quaedam affirmativae sunt per se verae primo modo dicendi per se et etiam quaedam secundo modo, sic quaedam negativae sunt per se primo modo et quaedam secundo modo. Unde sicut haec est per se 'homo est animal' primo modo dicendi per se, sic haec negativa est per se 'homo non est asinus'. Sicut enim homo per propriam rationem eius est animal, sic homo per propriam rationem eius est aliud ab asino sive non est asinus. Et sic de aliis modis dicendi per se est invenire aliquas negativas quae sunt per se verae.

7.12 Et si dicatur quod haec est per accidens, per Philosophum septimo *Perihermenias*, 'bonum non est malum', et eadem ratione ista 'homo non est asinus', dicendum est quod 'per accidens' dicitur tripliciter: uno modo prout distinguitur contra 'necessarium', alio modo prout distinguitur contra 'per se', et tertio modo prout distinguitur contra 'primo'. Loquendo de per accidens primo modo, sic est haec per accidens 'homo est albus', quia non est necessaria. Loquendo de per accidens secundo modo, sic est haec per accidens 'animal est homo', quia non est per se. Sed loquendo per accidens in tertio modo, sic quaelibet negativa est per accidens, quia nulla negativa est primo vera, sed veritas cuiuslibet negativae dependet ex veritate alicuius affirmativae. Unde loquendo de per accidens secundum quod distinguitur contra primo, sic est haec per accidens 'bonum non est malum'. Et cum hoc stat quod sit per se vera, quia per accidens, secundum quod opponitur ei quod est primo, et per se non opponuntur.

7.13 Postea determinat Philosophus de universali dicens: universale autem dico quod cum de omni et per se est secundum quod ipsum est.

---

103 quaedam] negativae *add. et exp.* C

98 Cf. Aquinas, *Exp lib. Post.* I, lect. 13, p. 50, ll. 60-69.
99 Cf. Ps.-Scotus, *Super lib. Post.* I, q. 21, pp. 251-254.
111 *Int.* 14, 23b15; *AL*, p. 35, l. 11.
124 *APo* I.4, 73b26-27; *AL*, p. 14, ll. 4-5.

7.14 Ad cuius evidentiam sciendum quod 'universale' quadrupliciter potest sumi. Uno modo dicitur aliquid universale causalitate, et sic illud cuius virtus se extendit ad plura dicitur universale. Et hoc modo prima causa et intelligentiae dicuntur universalia, de quibus dicitur secundo *Metaphysicae* quod universalia sunt difficilima ad intelligendum. Secundo modo dicitur universale id quod est unum in multis et de multis; et tale dicitur universale praedicatione, sicut 'homo' et 'animal'. Tertio modo dicitur universale secundum modum, et hoc modo dicitur propositio universalis in qua subicitur terminus communis signo universali determinatus. Quarto modo dicitur universale aliqua conditio propositionis secundum quam praedicatum est adequatum subiecto, et sic universale accipitur hic, et est universale idem quod primum.

7.15 Unde sciendum quod universale secundum quod hic accipitur est una conditio propositionis secundum quam conditionem praedicatum est adaequatum subiecto, et dicuntur aliqua esse adaequata quando nullum illorum potest excedere aliud. Sic enim 'homo' et 'risibile' sunt adaequata, quia nihil potest esse homo quin possit esse risibile nec econtrario. Et est universale in proposito idem quod primum; propter quod sicut ista 'homo est risibilis' est universaliter vera quoad demonstratorem, sic est primo vera.

7.16 Sed tu dices: si haec sit primo vera 'omnis homo est risibilis', nulla propositio est prior ista; et per consequens ista non est conclusio in demonstratione potissima.

7.17 Ad istud dicendum quod 'primum' dicitur dupliciter quoad propositionem: aliquid dicitur esse primum primitate causalitatis et aliquid dicitur esse primum primitate adaequationis. Unde praemissa in demonstratione potissima est primo vera primitate causalitatis, sed conclusio in qua praedicatur passio de subiecto est primo vera primitate adaequationis. Unde id quod est primo verum primitate adaequationis potest esse conclusio in demonstratione potissima, sed non id quod est primo verum primitate causalitatis.

7.18 Postea determinat Philosophus qualiter circa universale contingit erra-

---

128 ad] id est *add. in marg.* C   138 secundum] prae *add. et exp.* C   139 propositionis] praedicati C   147 est²] maior *add. et exp.* C

129 *Metaph.* II.1, 993b9-11.
136 *APo* I.4, 73b26-27; *AL*, p. 14, ll. 4-5.
157 *APo* I.5, 74a4-b; *AL*, pp. 14-16, ll. 22-7.

re, et ponit tres errores. Unus error est si sit aliquod commune habens tantum unum suppositum. Si propter hoc, quod commune habet tantum unum suppositum, assignetur passio communis inesse illi supposito tamquam subiecto primo, error est, et iste est error primus. Alius error est si commune habeat multa supposita et illi communi non sit nomen impositum. Si propter hoc assignetur passio communis inesse alicui supposito tamquam subiecto primo, error est, et iste est error secundus. Tertius error est si passio alicuius subiecti assignetur alicui superiori ad subiectum tamquam subiecto primo, ut si 'habere tres angulos aequales duobus rectis' assignetur figurae tamquam subiecto primo. Sic est tertius error, quia triangulus est proprium subiectum huius passionis et figura est superior ad triangulum.

Rationale per se est animal

⟨VII⟩

⟨Q⟩ueratur de veritate, et hoc est quaerere utrum propositio sit per se vera in qua praedicatur genus de differentia.

⟨1⟩

7.19 Videtur quod sic, nam genus et differentia significant eandem rem; ergo unum per se praedicatur de relicto. Probatio antecedentis: quia aut genus et differentia significant eandem rem aut diversas res. Si detur primum, habetur propositum, nec potest dari secundum. Probatio: quia intelligentia est una res simplex, et tamen genus et differentia praedicantur de intelligentia, cum ipsa sit species. Si ergo genus et differentia significarent diversas res, de eadem re simplici praedicarentur diversae res.

7.20 Si dicatur quod genus et differentia significant eandem rem tamen alio modo et alio, quia genus significat unam rem // per modum determinabilis et differentia per modum determinantis, et quia significant eandem rem alio modo et alio, ideo non oportet quod unum per se praedicetur de relicto, contra: si hoc esset verum, definitio non per se praedicaretur de defi-

---

177 praedicatur] C

169 Cf. Aquinas, *Exp. lib. Post.* I, lect. 12, p. 45, ll. 14-64. Ps.-Scotus, *Super lib. Post.* I, q. 35, p. 296.

170 This is not a *lemma*, but a *sophisma*, the truth of which is the subject of the question.

172 Cf. Ps.-Scotus, *Super lib. Post.* I, q. 23, pp. 255-265.

173 For the 1st argument *quod sic*, cf. ibid. pp. 255-256, 258-259.

nito, quia 'homo' et 'animal rationale' significant eandem rem alio modo et alio. Et si talis modus impediret praedicationem per se, haec non esset per se 'homo est animal rationale'.

7.21 Praeterea, si genus et differentia significarent eandem rem, tunc 'rationale' et 'animal' significarent eandem rem, et eadem ratione 'irrationale' et 'animal'; et per consequens 'rationale' et 'irrationale' idem significarent. Et sic ista esset vera 'asinus est rationalis', sicut ista 'asinus est irrationalis'.

7.22 Aliter dicitur quod genus et differentia significant diversas res, quia aliter in definitione esset nugatio. Contra: si significent diversas res, cum definitum sit unum, oportet quod genus et differentia faciant per se unum. Sed hoc est falsum, quia si sic, oporteret quod in definitione esset aliquid aliud a genere et differentia uniens illa simul. Quia arguo sicut arguit Philosophus septimo *Metaphysicae* in fine: dissolutis B et A, manet B et manet A et non manet haec syllaba BA; ergo aliquid fuit in hac syllaba BA quod nec fuit B nec A, et illud est forma huius syllabae. Sic arguo in proposito: dissolutis genere et differentia, manet genus et manet differentia et non manet definitio; ergo in definitione est aliquid praeter genus et differentiam quod est formale in definitione.

7.23 Praeterea, si genus et differentia significent diversas res, definitio posset definiri, quia et res significata per genus et res significata per differentiam potest definiri. Ponendo ergo definitiones generis et differentiae loco illorum, illa tota oratio est notio⟨r⟩ quam definitio et est definitio definitionis.

7.24 Hoc argumentum probat quod talis non sit immediata 'omne animal rationale est risibile', quoniam haec est immediatior 'omnis substantia animata sensibilis rationalis est risibilis'. Nam haec oratio 'substantia animata sensibilis rationalis' expressius indicat quidditatem hominis quam 'animal rationale'. Partes enim huius orationis sunt notiores quam partes alterius, et quod sic dicto 'animal rationale' ponitur implicite, scilicet natura animalis, in alia oratione ponitur explicite.

7.25 Si dicatur quod definitio potest bene habere descriptionem, sed non definitionem, contra: si definitio habeat descriptionem, illa descriptio potest adhuc describi et sua descriptio similiter, et sic in infinitum. Nec valet dicere quod ad aliquam descriptionem sit standum quae describi non potest ulterius, quia quaelibet descriptio habet aliquid notius eo, quoniam ens est notissimum et quod primo occurrit intellectui nostro, et per consequens

---

197 *Metaph.* VII.17, 1041b11-33.

est notius quam aliqua descriptio. Tunc arguo sic: quidlibet habens aliquid notius eo potest describi; quaelibet descriptio habet aliquid notius eo, ut probatum est; ergo et caetera. Maior patet per Avicennam primo suae *Metaphysicae*, capitulo quinto, et per Algazelem primo tractatu suae *Metaphysicae*. Dicunt enim quod quia ens est notissimum, ideo non potest describi. Sed quidlibet aliud quod habet aliquid notius eo potest describi; propter quod dicunt quod praedicamenta describi possunt, quia ens est notius eis.

7.26 Praeterea, si genus significaret aliam rem quam differentia, quaero de illa re ut de significato huius nominis 'substantia': utrum illa res sit corporea vel non sit corporea. Si sit corporea, tunc substantia corporea descendit in substantiam corpoream et incorpoream, quod est inconveniens. Si non sit corporea, tunc substantia non corporea vel incorporea descendit in substantiam corpoream et incorpoream. Et sic idem descenderet // in se ipsum et esset aliquid communius se ipso.

7.27 Consimile argumentum potest fieri de ente et magis evidenter. Si hoc nomen 'ens' significaret aliquam rem, aut illa res esset prima causa aut aliquod causatum. Si prima causa, tunc prima causa descenderet in causatum et primam causam. Si detur quod sit causatum, tunc aliquod causatum descenderet in primam causam et causatum. Et quod illa res significata per ens sit prima causa vel causatum ⟨patet⟩, quia ex quo illa res est ens, et per Algazelem in principio suae *Metaphysicae*, prima divisio entis est in ens causatum et ens incausatum, oportet quod illa res sit causa ⟨tum⟩ vel prima causa.

⟨2⟩

7.28 Aliud principale: rationale per se est ens, aut ergo per se est substantia, aut per se est accidens; non est accidens; ergo per se est substantia. Et sic est haec vera 'rationale per se est substantia.'

7.29 Dicitur huic quod substantia est duplex: quaedam est simplex et quaedam composita. Substantia quae genus est, est substantia composita; sed rationale non est talis substantia, sed est substantia simplex. Contra: si rationale sit substantia simplex, aut ergo est materia aut forma. Non est

---

245 rationale] ? C   247 vera] s *add. et exp.* C   250 talis] tale C

224-25 Avicenna, *Met.* 1.5, p. 33, ll. 25-28.
225-26 Algazel, *Met.* I.1, p. 5, ll. 22-27.
242 Ibid. *prep. sec.*, p. 4, ll. 34-35.
247 For the 2nd argument *quod sic*, cf. Ps.-Scotus, *Super lib. Post.* I, q. 23, p. 257.

materia certum est, ergo esset forma et non nisi forma hominis. Et sic rationale esset idem quod anima intellectiva.

7.30 Si dicatur quod rationale est una forma, sed non est idem quod anima intellectiva, sed est una forma secundum rationem, contra: ex animali et rationali sufficienter constituitur homo tamquam ex partibus sufficienter constituentibus totum; sed homo non sufficienter constituitur sine anima intellectiva; ergo oportet quod anima vel sit animal vel rationale. Sed non est animal, ergo rationale.

7.31 Praeterea, si haec esset vera 'rationale per se est substantia', accipiendo 'substantiam' pro substantia simplici, eadem ratione ista foret vera 'irrationale per se est substantia'. Rationale ergo et irrationale in aliquo convenirent et inter se differunt; ergo sunt species. Sed genus per se praedicatur de qualibet eius specie, ergo genus per se praedicatur de rationali.

7.32 Praeterea, quaecumque conveniunt in aliquo differunt per differentiam et non differunt se ipsis solum. Ergo si rationale et irrationale conveniant in substantia simplici, rationale et irrationale haberent differentias; et eadem ratione illae differentiae haberent alias differentias, et sic esset processus in infinitum.

7.33 Si dicatur quod rationale et irrationale conveniunt in aliquo, et tamen differunt per differentias additas et non se ipsis, contra: si rationale et irrationale differunt, ergo rationale differt ab irrationali per differentiam, nihil enim differt ab alio nisi per differentiam. Ergo si rationale solum se ipso differat ab irrationali, rationale esset sua differentia.

7.34 Praeterea, si differentiae conveniant in aliquo, essent compositae, quia non conveniunt in eodem per quod differunt. Si ergo differentia conveniat cum alia differentia, et certum est quod differt ab illa, oportet quod sit composita ex aliquo in quo convenit cum alia differentia, et ex alio in quo differt ab alia differentia.

⟨3⟩

7.35 Aliud principale: sequitur 'hoc rationale per se est animal, ergo rationale per se est animal'. Antecedens est verum, demonstrato Socrate, ergo consequens. Hoc potest argui sub forma communi sic: 'omnis homo per se est animal; omnis homo per se est rationalis; ergo rationale per se est animal'.

7.36 Istud adhuc confirmatur sic per istam: 'aliquod rationale per se est animal' non plus denotatur nisi quod animal per se includatur in aliquo rationali; sed hoc est verum, quia animal per se includitur in aliquo homine; ergo per se includitur in aliquo rationali.

7.37 Adhuc // arguitur ostendendo quod genus et differentia significent eandem rem, quoniam genus et differentia significant speciem, quia constituunt definitionem speciei, quae species est una res; ergo significant unam rem.

7.38 Ad idem arguitur sic, quaerendo de significato generis ut de significato animalis vel corporis in genere substantiae, utrum id quod significatur per animal vel per corpus sit res divisibilis vel indivisibilis. Si dicatur quod est res divisibilis, cum omne divisibile habeat aliquid minus eo vel aliquid maius, cum hoc nomen 'animal' significaret rem universalem, unum universale esset maius alio et aliud minus. Et tunc posset aliquod universale esse ita magnum sicut domus, et aliquod ita parvum sicut milium.

7.39 Si dicatur quod res significata per animal sit indivisibilis et res significata per corpus similiter, et eadem ratione res significata per alia communia, tunc res significata per hoc nomen 'linea' esset indivisibilis. Sed nullum indivisibile est per se in genere quantitatis; ergo hoc nomen 'linea' non significaret rem per se existentem in genere quantitatis. Quod autem nullum indivisibile sit per se in genere quantitatis patet, quia omne quod est per se in genere quantitatis vel est quantitas continua vel discreta; sed nec quantitas continua nec discreta est indivisibilis, quia quantitas continua habet partes copulatas ad terminum communem, et quantitas discreta habet partes quae non copulantur ad terminum communem.

⟨4⟩

7.40 Aliud principale: rationale per se est sensibile; ergo rationale per se est animal. Antecedens est verum, ergo consequens. Probatio consequentiae: nam id quod per se includit formale in aliquo, per se includit id cuius est formale; sed homo per se includit animal; ergo formale in homine per se includit formale in animali. Sed formale in homine est rationale et formale in animali est sensibile; ergo rationale per se includit sensibile, et haec est probatio antecedentis. Et si rationale per se includit sensibile, rationale per se includit animal. Probatio: nam quod per se includit formale in aliquo per se includit id cuius est illud formale. Si ergo rationale per se includat sensibile, quod est formale in animali, sequitur quod rationale per se includat animal.

---

293 res] *iter.* C

306-307 *Metaph.* V.13, 1020a10-11.

311 For the 4th argument *quod sic,* cf. Ps.-Scotus, *Super lib. Post.* I, q. 23, p. 258.

⟨5⟩

7.41 Iterum, aliud principale: si haec non sit per se 'rationale est animal', tunc est per accidens, et per consequens potest non esse vera, quod falsum est, quia haec sequitur ex necessaria ⟨propositione⟩. Sequitur enim 'animal rationale per se est animal; ergo rationale per se est animal'.

7.42 Praeterea, rationale aliquid addit supra rationalitatem, quia hoc nomen 'rationale' significat habens rationalitatem; ergo rationale est compositum ex rationalitate et aliquo addito. Sed rationale est substantia et est compositum, ut probatum est; ergo est substantia composita. Sed omne tale est per se in genere substantiae et de omni tali per se praedicatur genus generalissimum; ergo genus generalissimum per se praedicatur de rationali.

7.43 Praeterea, quaero: aut 'rationale' significat idem quod homo, aut significat partem illius. Si detur primum, ergo sicut haec est per se 'homo est animal', sic et ista 'rationale est animal', quoniam perseitas in propositione est ratio rerum significatarum per terminos. Si detur quod rationale per se significat partem hominis, tunc haec foret falsa 'homo per se est rationalis', quia pars non vere praedicatur de toto. Et similiter, partes hominis non sunt nisi materia et forma. Si ergo 'rationale' significaret partem hominis, rationale vel esset materia vel forma, quod falsum est.

⟨6⟩

7.44 Aliud principale: per Philosophum convenit definire per primum genus et ultimam differentiam; ergo 'substantia rationalis' sufficienter definit hominem, et per consequens per se includit quidquid homo per se includit. Ergo 'substantia rationalis' per se includit animal, si non ratione huius partis 'substantia', ergo ratione huius partis 'rationale'.

7.45 Si dicatur quod hoc totum 'substantia rationalis' per se includit animal, et tamen nec substantia nec rationale // per se includit animal; nec oportet quod, etsi aliquod totum per se includit aliquid, quod propter hoc aliqua pars eius per se includit illud, contra: si hoc totum 'substantia rationalis' per se includit animal, tunc iste terminus 'substantia' hic contraheretur ad standum pro aliquo inferiori ad animal; sed non contrahitur ad standum pro asino nec pro bove; stat ergo solum pro homine. Sed 'substantia' determinate accepta pro homine per se includit rationale; ergo in hoc extremo

---

344 substantia] differentia C   352-53 determinate] *corr.* C
341 *Metaph.* VII.12, 1037b29-33.

'substantia rationalis' esset nugatio, quia prima pars per se includeret secundam. Et per consequens hoc totum 'substantia rationalis' non per se includit animal.

7.46 Praeterea, si hoc totum 'substantia rationalis' per se includeret animal, idem esset dicere 'substantia rationalis' et dicere 'animal rationale'; sed idem est dicere 'animal rationale' et dicere 'substantia animata sensibilis rationalis'; ergo ista essent eadem 'substantia rationalis' et 'substantia animata sensibilis rationalis'. Et per consequens, haec esset nugatio 'substantia animata sensibilis est rationalis'. Quia superflue poneretur ista particula 'animata sensibilis', quia hac remota, idem habetur quod hac posita. Est ergo pluralitas sine necessitate, et per consequens superfluitas.

7.47 Si dicatur ad primum istorum quod sic dicto 'substantia rationalis', non contrahitur iste terminus 'substantia', et tamen hoc totum 'substantia rationalis' per se includit animal, contra: si 'substantia' hic non contrahatur, sed sit indifferens, si negetur, negabitur prout qualibet substantia. Et per consequens ista foret falsa 'nulla substantia rationalis est asinus', quia ex hac sequeretur quod asinus non sit asinus.

7.48 Similiter, sub termino stante pro suppositis, quoniam non confunditur ab aliquo, contingit descendere disiunctive. Ergo si 'substantia' indifferenter staret pro qualibet substantia, ad quamlibet contingeret descendere disiunctive, et per consequens, sequeretur 'substantia rationalis est animal, ergo asinus rationalis est animal vel bos rationalis est animal.'

⟨7⟩

7.49 Aliud principale: animal per se est rationale; ergo rationale per se est animal. Antecedens verum, ergo consequens. Consequentia patet per conversionem. Dicitur quod antecedens est falsum. Contra: aliquid per se est rationale, et nihil quod non est animal per se est rationale; ergo animal per se est rationale. Consequentia patet, quia quidlibet est animal vel id quod non est animal.

7.50 Praeterea, sua opposita est falsa 'nullum animal per se est rationale,' quia ex hac sequitur 'ergo nullus homo per se est rationalis'. Consequens est falsum. Et si negetur haec consequentia, contra: sequitur 'nullum animal per se est rationale, ergo hoc animal non per se est rationale nec illud, et sic demonstrando quemlibet hominem. Et ultra, ergo nec iste homo per

---

371 quoniam] ? C   372-75 contingit...bos rationalis est animal] *add. imo f.* C   382 rationale] rationalis C   385 animal non] ? *iter. et exp.* C

se est rationalis nec ille, et sic de singulis; et ulterius, ergo nullus homo per se est rationalis.' Media consequentia patet, quia 'hoc animal' et 'iste homo', demonstrando idem, utrobique convertitur.

7.51 Si dicatur aliter quod haec distinguenda est 'animal per se est rationale' secundum compositionem et divisionem, et vera in sensu divisionis et falsa in sensu compositionis, contra: si haec sit, foret distinguenda, cum iste sit sensus compositus, "haec est per se vera 'animal est rationale'." Cum haec posset eodem modo distingui secundum compositionem et divisionem, esset in sensu composito distinguenda secundum compositionem et divisionem; et adhuc iterum in sensu composito, et sic in infinitum.

7.52 Praeterea, si haec sit vera in sensu divisionis 'animal per se est rationale', cum hoc relativum 'se' referat animal in communi et non referat aliquod suppositum animalis, denotatur quod animal per naturam animalis per se sit rationale; et ita quod in intellectu animalis includatur per se rationale. Et sic esset nugatio sic dicto 'animal rationale'. Et similiter, ista foret vera 'omne animal est rationale'.

7.53 Praeterea, quod ista sit vera in sensu composito 'animal per se est rationale', quia ista 'animal est rationale' aut est per se vera aut per accidens. Si per se, habetur propositum. Si per accidens, et ea quae per accidens sunt non necessario sunt, ista non foret necessaria 'animal est rationale', quod falsum est.

⟨8⟩

7.54 Aliud principale: rationale per se ⟨est⟩ aptum natum sentire; ergo rationale per se est animal. Antecedens verum, ergo consequens. Consequentia patet, quia omne quod natum est sentire est animal. Probatio antecedentis: nam rationale primo est natum sentire; ergo rationale per se est natum sentire. Probatio antecedentis: nam aptitudo ad sentiendum alicui inest primo et nulli alii quam rationali, quia se detur quod alii, aut ergo communi aut singulari. Non alicui singulari, quia aptitudo ad sentiendum inest cuilibet ab unitate, et per consequens nulli primo. Nec aptitudo ab sentiendum inest alicui alii communi primo, quia cui inest primo aptitudo ad sentiendum, illud potest // sentire. Si ergo alii communi insit primo aptitudo ad sentiendum, aliud commune posset sentire, et per consequens videre vel audire, et sic de aliis.

7.55 Si dicatur quod illud cui primo inest aptitudo ad sentiendum non potest sentire, contra: eadem ratione illud cui primo inest posse sentire non

---

420 sentiendum] illud *add.* C

posset sentire, quia posse sentire inest alicui communi primo, sicut et posse corrumpi inest primo corruptibili; et per consequens cui primo inesset posse sentire, sibi inesset impossibilitas ad sentiendum.

⟨9⟩

7.56 Aliud principale: hoc genus 'numerus' per se praedicatur de sua differentia. Probatio: sit A sua differentia dividens ipsum. Haec est per se 'A est numerus': probatio: nam haec est per se 'A est ternarius', quoniam ternarius et binarius non differunt; et per consequens differentia unius est differentia alterius, quia non differunt per differentias; et per consequens differentia ternarii est idem essentialiter cum ternario. Quod autem binarius et ternarius non differunt, probatio: nam illa quae habent omnes partes easdem non differunt; sed ternarius et binarius habent omnes easdem partes, quoniam quaelibet unitas quae est pars ternarii in communi est pars binarii in communi. Nam ista species 'ternarius' non componitur ex hac unitate determinata et illa, sed ex unitate in communi; sed quaelibet unitas in communi est pars binarii. Unde non est assignare aliquam unitatem quae est pars ternarii quin eadem sit pars binarii.

7.57 Si dicatur quod ternarius excedit binarium in unitate, non ternarius in communi, sed suppositum ternarii excedit suppositum binarii; nec ternarius in sua communitate componitur ex unitatibus determinatis.

7.58 Contra: numerus primo dividitur in numerum parem et numerum imparem tamquam genus in species; ergo aliqua species numeri habet unitates pares et aliqua unitates impares. Et sic videtur quod ternarius in communi componatur ex unitatibus imparibus.

7.59 Praeterea, si ista species numeri, scilicet ternarius, non componatur ex unitatibus determinatis, non esset haec species in genere quantitatis discretae. Quia omne quod est in genere quantitatis discretae habet partes quae non copulantur ad terminum communem.

⟨10⟩

7.60 Aliud principale: per Philosophum septimo *Metaphysicae*, ultima differentia est tota substantia rei. Ultima ergo differentia hominis est tota substantia hominis. Sicut ergo animal per se praedicatur de homine, ita per se praedicatur de ultima differentia hominis.

427 numerus] quoniam ? *add. et exp.* C
449 *Metaph.* VII.12, 1038a19-20.

⟨Ad oppositum⟩

7.61 Ad oppositum est Aristoteles tertio *Metaphysicae* dicens quod ens non est genus, quia ens per se praedicatur de differentia, et genus non.

7.62 Praeterea, propositio in qua praedicatur genus de differentia nec est per se primo modo dicendi per se, nec secundo modo, nec quarto. Non primo modo, quia genus non cadit in definitione differentiae, et in primo modo dicendi per se praedicatum cadit in definitione subiecti. Nec est secundus modus, quia differentia divisiva generis non cadit in definitione generis. Nec est per se quarto modo, quia in subiecto non est causa efficiens praedicati.

⟨Responsio⟩

7.63 Circa istam quaestionem sciendum est primo quod aliud est quaerere de veritate huius 'rationale per se est animal', et aliud est quaerere an propositio sit per se in qua praedicatur genus de differentia; et aliter est respondendum ad unum quaesitum et ad aliud.

7.64 Ad evidentiam istorum primo oportet videre quid significetur nomine generis et quid nomine differentiae.

7.65 Sciendum ergo, secundum Avicennam prima parte suae *Logicae* capitulo ultimo, quod rationalitas non est differentia, sed rationale; et hoc quia rationale praedicatur de specie et non rationalitas. Similiter, animal est genus et non animalitas, sed rationalitas est principium differentiae et animalitas principium generis. Unde Avicenna quinto *Metaphysicae* suae capitulo sexto dicit: est enim differentia, sicut iam nosti, quae denominative // praedicatur et non univoce.

7.66 De significatis generis et differentiae dicit Avicenna, quinto *Metaphysicae* capitulo quinto, quod animal significat primo habens sensum, non determinando in suo significato an illud sit habens rationem. Nam hoc est totaliter accidens significato animalis.

7.67 Econtra: rationale significat habens rationem, non determinando an illud sit habens sensum vel non; sed hoc ei accidit. Nunc autem sensus

---

454 differentia] *corr.*

453 *Metaph.* III.3, 998b22-27.
455-456 Cf. Ps.-Scotus, *Super lib. Post.* I, q. 23, p. 260.
468 Avicenna, *Logica* I, f. 9rb.
472 Avicenna, *Met.* 5.6, p. 284, ll. 61-62.
475 Ibid. 5.5, p. 266, ll. 82-85.

quoddamodo est materiale in homine, et ratio, formale. Ideo genus de suo primo significato importat materiale in specie absque determinatione sui formalis.

7.68 Econtra: differentia importat formale non determinando materiale. Et sic patet quod nec genus est de intellectu differentiae suae divisivae, nec econtra. Sed tamen, etsi genus importet materiale in specie, genus tamen non est materia.

7.69 Ad cuius intellectum considerandum quod differentia est inter aliquid secundum quod est genus, et secundum quod est materia; et etiam inter aliquid secundum quod est differentia, et secundum quod est forma. Unde Avicenna quinto *Metaphysicae* suae capitulo tertio dicit quod corporea substantia dupliciter consideratur: uno modo secundum quod habet longitudinem, latitudinem et profunditatem in actu, et sic necessario est pars; alio modo ut est in potentia receptibilis longitudinis, latitudinis, et profunditatis, et sic est genus et vere praedicatur de omni substantia corporea. Eodem modo dicit de animali quod animal dupliciter consideratur: uno modo ut est actu perfectum et terminatum per rationalitatem, et sic est pars; alio modo consideratur secundum quod est indifferens ad rationalitatem et irrationalitatem, scilicet considerando ipsum in communi habens in sui potestate rationale et irrationale, et sic est genus.

7.70 Eodem modo est de differentiis. Nam considerando rationale ut actu terminat et perficit animam sensitivam, sic est pars formalis; sed tamen considerando ipsum secundum quod est indifferens ad determinandum hoc vel illud, inquantum non determinat sibi nec corpus nec substantiam, et sic de aliis, sic est differentia. Et sic est manifestum quod 'animal' significat quoddam totum, scilicet habens sensum, quod tamen natum est determinari per aliud. Et 'rationale', similiter, significat quoddam totum, ut habens rationalitatem, non determinando sibi quid est habens rationalitatem. Unde genus significat totum determinando materiale, sed expectando formale; sed differentia, ut rationale, significat totum determinando formale, sed expectando materiale.

7.71 Contra istud arguitur: videtur enim quod genus primo significet partem speciei, nam definitio est ratio habens partes, per Philosophum septi-

---

485 est] s *add. et exp.* C   502 sensitivam] *corr.* C   505 differentia] genus C

491 Avicenna, *Met.* 5.3, pp. 247-248, ll. 21-37.
496 Ibid., p. 249, ll. 50-61.
501 Ibid., p. 249, ll. 62-68.
513 *Metaph.* VII.10, 1034b20.

⟨QUAESTIO VII⟩

mo *Metaphysicae*. Et sicut definitio se habet ad totum definitum, sic partes definitionis se habent ad partes definiti; sed tota definitio significat primo totum definitum; ergo partes definitionis significant primo partes definiti.

7.72 Similiter, non videtur quod differentia primo significet totum, quia sic differentia esset quiddam compositum ex eodem et diverso, et omne tale habet differentiam; ergo differentia haberet differentiam, et sic in infinitum.

7.73 Ad primum istorum posset dici, secundum quod vult Avicenna, quod in definitione non est compositio ex rebus diversis, non loquendo de definitione composita ex vocibus, sed de definitione composita ex rebus significatis per voces. Unde secundum eum, in definitione est compositio eiusdem rei cum seipsa. Unde quinto *Metaphysicae* suae capitulo quinto dicit quod compositio aliquorum est multis modis: uno modo materiae cum forma, in qua quidem compositione, licet materia non habeat esse in effectu nisi per formam, tamen materia non est forma, nec econtra. Unde in ista compositione neutrum unitorum // est alterum; utrum tamen eget altero in existendo, et neutrum habet esse in effectu per se. Alio modo est compositio aliquorum quorum neutrum eget alio in existendo, ex quorum compositione resultet quiddam tertium; et isto modo fit mixtum ex elementis. Tertio modo componuntur aliqua ad invicem quorum unum eget alio in existendo, sed non econtra; et sic fit compositum ex subiecto et accidente communi. Accidens enim eget subiecto in existendo, sed subiectum non eget accidente. Quarta est compositio alicuius rei, ut est indeterminata, cum seipsa, ut est determinans et certificans; et talis est compositio generis cum differentia. Unde non est imaginandum quod definitio sit quoddam compositum ex genere et differentia tamquam ex diversis partibus, quia sic neutrum, nec genus nec differentia, vere praedicaretur de definitione, cum pars non vere praedicetur de toto. Sed definitio est quiddam coniunctum ex genere et differentia sicut ex specificante et specificato. Unde cum definimus hominem dicentes quod est animal rationale, non volumus in hoc quod homo sit quoddam compositum ex animali et rationali; sic volumus, quod homo sit animal quod est rationale, sic quod rationale ponatur per modum specificantis et non per modum componentis. Unde in definitione non est compositio partium, sed est compositio specificationis et determinationis.

7.74 Sed contra: secundum eundem, 'animal' importat habens sensum, et per consequens determinat sibi habens sensum; sed 'rationale' solum im-

---

524 Avicenna, *Met.* 5.5, pp. 268-270, ll. 18-65.
547 Ibid, pp. 265-266, ll. 73-82.
548 Ibid., p. 266, ll. 84-85.

portat habens rationem non determinando sibi habens sensum. Cum ergo de eadem re non sit verum dicere quod determinat sibi habens sensum et quod non determinat sibi habens sensum, non erit verum dicere quod genus et differentia sint eadem res.

7.75 Praeterea, si in definitione sit compositio eiusdem rei cum se ipsa, in istis definitionibus 'animal rationale', 'animal irrationale' esset compositio totaliter ex eisdem rebus, quia in utraque esset compositio ex re significata per istum terminum 'animal' cum se ipsa.

7.76 Et ideo dico quod in definitione est compositio ex diversis rebus; aliter in definitione esset nugatio. Dico tamen quod animal uno modo est genus hominis et alio modo est pars; et illa eadem quae est genus hominis est pars hominis, tamen alio modo est genus et alio modo pars. Est enim genus secundum quod habet sub se differentias oppositas, et secundum quod est indifferens ut determinetur per unam differentiam vel per aliam; sed est pars secundum quod determinatur et certificatur per unam differentiam. Quod autem genus sit pars speciei patet, quoniam totum quod importatur per genus importatur per speciem et aliquid plus; sed certum est quod genus est pars illius quod componitur ex genere et illo pluri; genus ergo est pars speciei.

7.77 Sed intelligendum quod aliquid dicitur esse pars alterius multipliciter: vel quia est pars quantitativa, vel quia est pars subiectiva, vel quia est pars naturalis, vel quia est pars quidditativa. Primo modo partes integrales constituentes totum dicuntur partes eius. Secundo modo inferius dicitur esse pars superioris. Tertio modo materia et forma dicuntur esse partes compositi naturalis. Quarto modo per se superius dicitur esse pars sui inferioris. Unde stant simul quod aliquid sit pars quidditativa alterius, et tamen quod sit totum universale respectu eiusdem; et eo ipso quod aliquid est totum universale respectu alicuius, eo ipso est pars quidditativa eiusdem. Et sic idem respectu eiusdem potest esse pars et totum, sed diversimode, sicut patet.

⟨1⟩

7.78 Istis suppositis, si quaeratur de veritate huius 'rationale per se est animal', esset dicendum quod haec est absolute vera nec permittitur in proposito nisi sensus divisionis; nec potest subiectum in proposito habere nisi suppositionem personalem. Nunc autem omnis // terminus supponens per-

581 habere] ? C

569-571 Cf. *Metaph.* V.25, 1023b12-25.

sonaliter supponit pro eo cui inest. Et 'hoc', si accipiatur pro hiis quae sunt et terminus concretus acceptus, personaliter supponit pro subiecto. 'Rationale' ergo in proposito ex quo supponit personaliter, supponit pro quolibet quod est rationale; et ideo supponit pro homine et pro Socrate et pro Platone et sic de aliis. Sed ad veritatem indefinitae ⟨propositionis⟩ sufficit quod praedicatum insit alicui pro quo subiectum supponit. Cum ergo Socrates per se sit animal, sequitur quod rationale per se sit animal. Similiter, 'hoc rationale' et 'iste homo' sunt totaliter idem, si idem demonstretur utrobique. Cum ergo iste homo per se sit animal, sequitur quod hoc rationale per se sit animal; et ulterius, ergo rationale per se est animal.

7.79 Quidam tamen faciunt difficultatem hic distinguentes duplex suppositum, scilicet suppositum formale et suppositum materiale: suppositum formale rationalis est hoc rationale, sed suppositum eius materiale est iste homo vel ille homo. Et dicunt quod ad veritatem huius 'rationale per se est animal' requiritur quod praedicatum cum nota perseitatis insit alicui supposito formali subiecti, et non sufficit quod insit supposito materiali. Et ideo, etsi haec sit vera 'iste homo per se est animal', quia tamen quaelibet istarum est falsa 'hoc rationale per se est animal', 'illud rationale per se est animal', ideo est ista falsa 'rationale per se est animal'.

7.80 Et si arguatur quod secundum istud foret haec falsa 'aliquod ens per se est animal', quia praedicatum non per se inest alicui supposito formali subiecti, dicunt concedendo hanc esse falsam. Et concedunt quod haec sit vera 'nihil per se est animal', et quod ista stant simul 'nihil per se est animal' et 'omnis homo per se est animal'.

7.81 Contra: secundum istud debent concedere quod nihil per se est in genere substantiae, quia nulla formalis singularis huius 'aliquid per se est in genere substantiae' est vera.

7.82 Praeterea, eadem ratione habent concedere quod nihil de necessitate est animal, quia si concedant quod aliquid de necessitate sit animal, habent concedere quod aliquid per se est animal.

7.83 Similiter, ipsi habent concedere quod de nullo per se praedicatur animal, quia nec de hoc ente nec de illo; et etiam habent concedere quod de nullo per se praedicatur passio subiecti in demonstratione, quod videtur inconveniens.

---

587 sufficit] ? C
593 E.g., Campsall, *Super Prior. Anal.*, 17.03, p. 257.

7.84 Et ideo dico quod iste terminus 'hoc ens' et iste terminus 'iste homo' significant idem, si demonstretur idem, quia pronomen demonstrativum idem significat et demonstrat. Et ideo si concedam quod iste ⟨homo⟩ per se est animal, debeo concedere quod hoc ens per se est animal et etiam quod aliquod ens per se est animal.

7.85 Et si arguatur sic: 'si aliquod ens per se est animal, omne ens per se est animal, quia per se praesupponit de omni;' dicendum quod si aliqua propositio sit per se, tunc praedicatum inest cuilibet contento sub subiecto, et sic est istud intelligendum 'per se praesupponit de omni.' Sed per istam 'aliquod ens per se est animal, non denotatur quod haec sit per se 'aliquod ens est animal', sed denotatur quod predicatum insit alicui enti per se. Sed ex hoc non sequitur quod insit omni enti per se, sed est fallacia compositionis.

7.86 Si arguatur aliter: 'si haec esset vera "rationale [per se] est animal," quia rationale supponit pro isto homine // qui est rationalis, eadem ratione esset haec vera "album per se est animal," quia album potest supponere pro isto homine qui est albus;' ad istud concedo quod haec sit vera 'album per se est animal', quia non denotatur nisi quod aliquid per se sit animal cui insit album. Et hoc est verum, quia iste homo cui accidit albedo per se est animal.

7.87 Adhuc est alia difficultas, quid denotatur per istam 'rationale per se est animal'? Et ista difficultas accidit ex relatione huius relativi 'se', et est an iste sit sensus: rationale, ea ratione qua rationale, per se est animal. Et certum est quod hoc est falsum, quia secundum quod dictum est prius, animal est extra intellectum rationalis. Et videtur quod talis debeat esse intellectus non obstante quod rationale supponat personaliter, quia secundum Avicennam quinto *Metaphysicae* suae, homo de se nec universale nec singulare. Si tamen li 'se' referret hominem pro supposito, ista foret falsa, cum haec sit vera 'Socrates de se est singulare vel universale'.

7.88 Adhuc posito quod li 'se' refert subiectum pro supposito, videtur quod haec sit falsa 'rationale per se est animal', quoniam haec est falsa 'hoc rationale, in eo quod hoc rationale, est animal'. Et dicendum quod li 'se' in proposito refert subiectum pro eo pro quo subiectum supponit, et, quia subiectum supponit pro eo quod est rationale, ut pro Socrate vel pro Platone, ideo refert subiectum pro Socrate vel pro Platone. Et ideo sequitur 'Socrates, ea ratione qua Socrates, est animal; ergo rationale per se est animal'. Et cum dicitur quod haec foret falsa 'homo de se nec est singulare

---

628 compositionis] consequentis C

641 Avicenna, *Met.* 5.1, p. 230, ll. 61-63. Cf. *Logica* III, 12ra.

nec universale', dicendum quod haec est falsa secundum quod li 'homo' supponit personaliter, et est vera secundum quod supponit simpliciter, et sic intellexit Avicenna.

⟨2⟩

7.89 Sed si quaeratur an genus per se praedicetur de differentia, esset dicendum quod sic. Quia sic dicto, 'genus per se praedicatur de differentia', li 'se' refert genus; sed genus per seipsum praedicatur de differentia, quia genus praedicatur de differentia; aut ergo per se aut per aliud. Si per se, habetur propositum. Si per aliud, aut illud est species aut individuum. Cum ergo illud praedicetur de differentia, aut per se aut per aliud. Si per se, ergo et genus per se, quia de quo per se praedicatur inferius de eodem per se praedicatur superius. Si detur quod per aliud, erit procedere in infinitum.

⟨3⟩

7.90 Si autem quaeratur utrum illa propositio sit per se vera in qua praedicatur genus de differentia, adhuc posset dici quod sic, quia illa propositio in qua praedicatur genus de differentia est vera per illam eandem propositionem, si velimus dicere quod aliqua propositio sit per se vera. Sic enim dicto 'homo est animal per se est vera', hic li 'se' refert istam 'homo est animal', et denotatur quod ista sit vera per istam.

⟨4⟩

7.91 Quarto modo potest fieri quaestio sic: utrum illa propositio sit per se in qua praedicatur genus de differentia? Et dicendum est quod non. Pro quo est primo intelligendum quod li 'per se', secundum quod Philosophus determinat de per se primo huius, et secundum quod pertinet ad demonstratorem, circumloquitur unam qualitatem propositionis ita quod aequipolleat uni nomini per quod designatur qualitas propositionis pertinentis ad demonstratorem. Et sic dicimus quod aliqua propositio est per se enuntiando qualitatem propositionis de propositione, sicut dicimus quod aliqua propositio est necessaria. Unde li 'se' in proposito non tenetur relative; sed hoc totum 'per se' designat unam specialem qualitatem propositionis pertinentis ad demonstratorem, // quae qualitas non detur alii propositioni.

656 differentia] s add. et exp. C

654 Avicenna, Met. 5.1, p. 230, ll. 61-63.
672 APo I.4, 73a34-b24; AL, pp. 12-14, ll. 22-2.

Unde propositiones demonstrativae habent speciales conditiones quas aliae propositiones non habent, sicut de omni et universalitas; aliam enim conditionem dicit de omni in propositionibus demonstrativis et in aliis, et similiter universalitas.

7.92 Isto supposito, probo quod haec non sit per se 'rationale est animal', quia si sic, unum animal esset multa animalia. Probatio consequentiae: quoniam si haec sit per se 'rationale est animal', tunc rationale est species; et non est eadem species quae est homo, quia tunc non definiret hominem, nec est species superior ad hominem; ergo est una species specialissima alia ab homine. Cum ergo de Socrate vere dicuntur 'homo' et etiam 'rationale', sequitur quod duae species specialissimae animalis vere dicuntur de Socrate. Et per consequens Socrates est duo animalia, quia est suppositum unius speciei animalis et aliud suppositum alterius speciei animalis, diversae enim species specialissimae habent omnia supposita diversa. Nunc non est aliquid probandum nisi hanc consequentiam: 'haec est per se "rationale est animal", ergo rationale est species.' Et probatur sic haec consequentia: si haec sit per se 'rationale est animal', ergo animal est de per se intellectu rationalis; et non est totus intellectus rationalis, ergo in intellectu rationalis sunt duo, scilicet genus et aliquid aliud quod non est de intellectu differentiae oppositae. Rationale ergo esset compositum ex genere et ex aliquo alio per quod differt ab irrationali, et sic esset compositum ex genere et differentia, et per consequens esset species.

7.93 Istud declaratur aliter sic: qua ratione haec esset per se 'rationale est ⟨animal⟩' eadem ratione ista 'irrationale est animal'; rationale ergo et irrationale per se conveniunt in genere et non differunt seipsis, cum conveniant in aliquo; differunt ergo per differentias, et per consequens sunt species, quia componuntur ex genere et differentia.

7.94 Adhuc potest istud idem patere sic: secundum Lincolniensem, tantum duo modi ipsius per se pertinent ad demonstratorem, scilicet primus et secundus. In primo modo praedicatur definitio vel pars definitionis de definito, et in secundo modo praedicatur propria passio de subiecto; tam ergo in primo modo quam secundo subicitur species. Si ergo propositio sit per se in qua 'animal' praedicatur de 'rationali' oportet quod 'rationale' sit species, quia nihil praedicatur per se nec primo modo nec secundo nisi de specie.

---

688 est²] *corr.*   694 non] *corr.*   697 est²] *inser.* C
685-686 Cf. Ps.-Scotus, *Super lib. Post.* I, q. 23, pp. 259-260.
708 Grosseteste, *Commentarius In Post. Anal.* I, 4, pp. 114-115, ll. 120-129.

7.95 Praeterea, quod haec non sit per se 'rationale est animal' per prius dicta in positione, quia 'rationale' primo significat habens rationem et 'animal' primo significat habens sensum; sed neutrum istorum est de intellectu alterius, ut dictum est; sed in omni propositione per se oportet quod subiectum sit de intellectu praedicati vel econtrario.

⟨Ad argumenta⟩

⟨Ad 1⟩

7.96 Ad primum principale dicendum quod genus et differentia semper significant diversas res. Et cum dicitur quod tunc intelligentia non esset forma simplex, dicendum quod hoc non sequitur.

7.97 Pro quo est sciendum quod, etsi genus et differentia significent diversas res, tamen in una forma simplici sunt diversae rationes a quibus accipi ⟨possunt⟩ ratio generis et etiam ratio differentiae, sicut patet de albedine quae est forma simplex. Potest enim albedo ⟨in⟩telligi indistincte et modo confuso intelligendo albedinem secundum quod convenit cum nigrore, et sic ab ea sumitur ratio generis; vel potest intelligi distincte secundum naturam suam specialem ut distinguitur contra aliam speciem // in eodem genere, et sic ab ea sumitur ratio differentiae. Et eodem modo ab intelligentia diversimode considerata possunt accipi ratio generis et ratio differentiae. Secundum enim quod consideratur secundum naturam suam specialem prout distinguitur ab alia intelligentia, sic ab intelligentia sumitur ratio differentiae; sed prout intelligitur indistincte et ut convenit cum alia specie, sic ab ea sumitur ratio generis. Unde non oportet ponere in intelligentia materiam et formam propter genus et differentiam, immo ista sumuntur ab eadem forma diversimode considerata.

7.98 Ista responsio concordat dictis Avicennae quinto suae *Metaphysicae* capitulo tertio. Vult enim quod in re simplici non est aliquid a quo potest sumi ratio generis distinctum ab eo a quo sumitur ratio differentiae, sed solum hoc fit per intellectum. Unde ipse loquens de intentione generis et differentiae dicit sic: in eo autem cuius essentia est simplex, fortassis intellectus ponet in se ipso hos respectus, secundum quod diximus. In esse autem nihil est eius quod discernatur esse genus. Verumtamen, quia intel-

---

729 ea] eo C   735 sed] *corr.* C   743 fortassis] autem *add.* C; *emend. secundum text. Avicennae*

716-717 Vide supra, 7.66.
721 Vide supra, 7.19-7.21.
739 Avicenna, *Met.* 5.3, p. 250, ll. 83-84.

ligentia habet definitionem quae constitutitur ex genere et differentia, et genus et differentia sunt diversae res, ideo est concedendum quod in intelligentia sit compositio ex diversis rebus. Dicitur tamen substantia simplex secundum quod simplicitas opponitur compositioni quae est ex materia et forma. Unde haec intelligentia quae est una numero non constituitur ex diversis rebus numero tamquam ex partibus, sed quaelibet eius pars est aliqua natura communis quae per se et in quid sibi inest.

7.99 Ad primum in contrarium, quod rationale non comparatur ad animal sicut A comparatur ad B, sed sicut compositio ex A et B comparatur ad A et B. Unde sicut compositio ipsius A et B est formale in BA, sic differentia est formale in definitione. Et ideo non arguitur eodem modo cum sic arguitur 'dissolutis genere et differentia et caetera', sicut arguit Philosophus cum sic arguitur 'dissolutis B et A'.

7.100 Vel aliter potest dici quod Philosophus quando sic arguit 'dissolutis B et A et caetera', non intendit plus concludere nisi quod compositum est aliud ab utraque parte compositi. Et ideo est sic arguendum: dissolutis B et A, manet B et manet A, et non manet BA; ergo BA nec est B nec A. Nihil plus potest Philosophus concludere, nec plus intendit. Et sic concedo quod sic in proposito arguendum: quia dissolutis genere et differentia, manet genus et manet differentia, et non manet definitio; ergo definitio est aliud a genere et a differentia, et haec conclusio est concedenda.

7.101 Vel aliter potest dici quod argumentum in proposito non valet, quia si genus manet et differentia, similiter oportet quod species maneat, et sic quod definitio maneat. Et sic est una praemissa neganda, scilicet haec 'dissolutis genere et differentia, manet genus et differentia, et non manet definitio.'

7.102 Et si dicatur quod intellectus facit definitionem, et sic potest genus esse et etiam differentia absque hoc quod definitio sit, dicendum quod intellectus non facit definitionem. Sed id quod communiter dicitur, quod iudicare et definire sunt operationes intellectus, hoc habet sic intelligi: quod definire est operatio intellectus, quia homo per intellectum devenit in cognitionem definitionis, et non quod homo facit definitionem. Unde 'definire' uno modo idem est quod 'facere definitionem', et alio modo est idem quod 'devenire in cognitionem // definitionis'; et isto secundo modo est verum dicere quod intellectus definit.

764 quia] *iter.* C

753 Vide supra, 7.22.
759 *Metaph.* VII.17, 1041b11-33.

7.103 Ad aliud argumentum dicendum quod definitio non potest definiri, tamen aliqua pars definitionis aliquando definiri potest, sed ipsa tota definitio non. Concedendum est tamen quod una definitio notior est alia; unde haec definitio 'substantia animata sensibilis rationalis' est notior quam haec definitio 'animal rationale', et utraque istarum est definitio hominis. Et haec propositio 'substantia animata sensibilis rationalis est risibilis' est notior quam ista propositio 'animal rationale est risibile'. Et adhuc, si definitio rationalis ponatur loco 'rationalis' cum residuo, illa definitio est notior quam haec 'substantia animata sensibilis rationalis'. Et ideo illa definitio quae datur per genus generalissimum et omnes alias differentias ordinatas est notissima, et illa notiori modo inest definito quam aliqua alia definitio.

7.104 Et ad illud quod ulterius tangitur, quod quaelibet descriptio potest describi, illud est negandum. Nec est verum quod accipitur, quod quidlibet habens aliquid notius eo potest describi; nec hoc volunt Avicenna nec Algazel. Ista tamen est vera: id quo nihil est notius non potest describi; et ideo, secundum quod dicunt, ens non potest habere aliquam descriptionem.

7.105 Ad aliud, cum quaeritur utrum res quae est genus generalissimum substantiae sit substantia corporea vel incorporea, neutrum istorum est concedendum, quia cum dicitur 'substantia corporea', et etiam cum dicitur 'substantia incorporea seu non corporea', utrobique contrahitur substantia; sed substantia quae est genus est non contracta, sed est indifferens ad corpoream et incorpoream.

7.106 Et si quaeratur utrum illa res quae est genus sit corporea vel non corporea, dicendum quod est non corporea; non tamen est concedendum quod est substantia non corporea. Et bene est concedendum quod non corporeum dividitur per corporeum et incorporeum, sicut patet in aliis: ens dividitur per commune et singulare, et tamen ens est unum commune; et sic potest aliquod non corporeum dividi per corporeum et incorporeum.

7.107 Ad illud quod tangitur de ente, cum quaeritur utrum ens in sua communitate est causatum aut prima causa, potest dici quod neque sic, neque sic. Multa enim sunt citra primam causam quorum non est altera causa: ut

---

788 rationalis¹] animalis C | rationalis²] animalis C

781 Vide supra, 7.23-7.24.
793 Vide supra, 7.25.
795-796 Ibid.
798 Vide supra, 7.26.
810 Vide supra, 7.27.

quod homo sit homo, huius non est aliqua causa; nec quod nigredo sit nigredo. Unde dicit Algazel primo suae *Metaphysicae* quod, etsi nigredinem esse habeat aliquam causam effectivam, tamen quod nigredo sit nigredo, huius non est aliqua causa effectiva. Unde ponendo quod ens habeat unum conceptum communem cuilibet enti, non possumus salvare quod ille conceptus sit quiddam causatum nisi velimus dicere quod aliquod causatum sit ab aeterno. Nec ponit non fuisse ab aeterno, quia quandocumque inferius fuit, tunc superius fuit; ergo quandocumque Deus fuit, res significata per ens fuit. Et sic, si illa res sit quiddam causatum, oportet ponere quod aliquod causatum necessario est coaeternum primo.

⟨Ad 2⟩

7.108 Ad aliud principale, concesso quod haec sit per se 'rationale est ens', non oportet concedere quod haec sit per se 'rationale est substantia'; nec etiam quod haec sit per se 'rationale est accidens'. Unde propositio est per se in qua superius praedicatur de aliquo, ubi nulla propositio est per se in qua aliquod inferius ad praedicatum praedicatur de eodem subiecto. Haec enim est per se 'animal est animal', et nulla istarum est per se 'animal est animal rationale', nec etiam 'animal est animal irrationale'. Concesso tamen quod haec sit per se 'rationale est substantia', accipiendo 'substantiam' pro 'substantia simplici', et haec similiter, 'irrationale est substantia', non propter hoc oportet concedere quod rationale et irrationale sunt species.

C 127v2 7.109 Nec valet ista: 'per se conveniunt in aliquo // et inter se differunt, ergo sunt species', sed oportet addere quod inter se differant per suas differentias. Nunc autem rationale non differt ab irrationali per suam differentiam, sed per se ipsum. Et si dicatur 'illa quae per se conveniunt in aliquo non differunt se ipsis', istud oportet negare. Ponendo enim quod omnia conveniant in ente per se, nihilominus oportet dicere quod aliqua se ipsis differant.

7.110 Et ad illud quod prius tangitur, quod si rationale sit substantia simplex, tunc est materia vel forma, et si sit forma, tunc videtur quod sit anima intellectiva, dicendum quod rationale est formale in homine, sed non est forma hominis.

---

814 Algazel, *Met.* I.1, p. 25, ll. 20-3.
823 Vide supra, 7.28.
833 Vide supra, 7.31.
840 Vide supra, 7.29.

7.111 Et cum dicitur quod ex genere et differentia sufficienter constituitur species, dicendum quod species constituitur multis modis; tot modis contingit constituere speciem, quot modis contingit speciem definire. Unde species constituitur uno modo constitutione metaphysicali et sic constituitur ex partibus quidditativis, ut ex genere et differentia; et alio modo componitur ex partibus naturalibus, ut ex materia et forma. Nec potest componi ex his partibus nisi componatur ex illis; et idem est compositum ex genere et differentia et compositum ex materia et forma. Cum ergo dicitur quod species sufficienter componitur ex genere et differentia, dicendum est quod species sufficienter componitur compositione metaphysicali ex genere et differentia, non tamen omni compositione.

⟨Ad 3⟩

7.112 Ad aliud principale patet per dicta in positione, quoniam haec est concedenda 'rationale per se est animal.'

7.113 Ad aliud principale, quod haec est falsa 'genus et differentia significant eandem rem', et haec similiter est falsa 'genus et differentia significant speciem'; tamen oratio composita ex genere et differentia, scilicet definitio, significat speciem.

7.114 Ad aliud, cum quaeritur de significato animalis seu corporis an illud significatum sit divisibile aut indivisibile, dicendum quod est indivisibile, loquendo de indivisibilitate secundum partes quantitativas. Unde breviter, nullum universale est divisibile in partes quantitativas nec per se nec per accidens, nisi aliquis vellet dicere quod aliquid esset pars quantitativa sui ipsius. Si enim dicatur quod albedo in communi est divisibilis in partes quantitativas, cum quaelibet illarum partium sit albedo, albedo esset pars quantitativa sui ipsius.

7.115 Et cum arguitur de speciebus in genere quantitatis, ut de linea et de corpore, quod si tales essent indivisibiles, non essent per se in genere quantitatis, dicendum quod quodlibet universale est indivisibile secundum

---

847 metaphysicali] metaphysici C

844-845 Vide supra, 7.32.
855 Vide supra, 7.35-7.36.
855 in positione] vide supra, 7.78-7.88.
857 Vide supra, 7.37.
861 Vide supra, 7.38.
869 Vide supra, 7.39.

quantitatem, et quaelibet species de genere quantitatis; quodlibet tamen individuum de genere quantitatis est divisibile in partes quantitativas.

7.116 Et concedendum est quod aliquid est in genere quantitatis continuae cuius partes non copulantur ad terminum communem. Nihil tamen est quantitas continua, accipiendo quantitatem continuam pro suppositis, cuius partes non copulantur ad terminum communem. Et cum accipitur quod omne quod est per se in genere quantitatis est quantitas continua vel quantitas discreta, hoc oportet negare, quia species de genere quantitatis quae continetur sub quantitate continua vel discreta nec est quantitas continua nec quantitas discreta, sicut species animalis non est animal. Haec enim est vera 'nullum animal est species animalis'.

⟨Ad 4⟩

7.117 Ad aliud principale, quod haec non est per se 'rationale est sensibile'; ista tamen est vera 'rationale per se est sensibile', sumendo subiectum pro suppositis.

⟨Ad 5⟩

7.118 Ad aliud principale cum dicitur 'si haec sit per accidens "rationale est animal", potest esse falsa', dicendum quod per accidens dicitur tripliciter. Uno modo secundum quod opponitur necessario, et sic idem est propositionem esse per accidens et propositionem esse contingentem. Et quod isto modo est per accidens potest esse falsum, sed sic non est haec per accidens 'rationale est animal'. Alio modo dicitur per accidens secundum quod opponitur ei quod est per se, et alio modo secundum quod opponitur ei quod est primo. Et id quod est per accidens istis duobus modis non oportet quod posset esse falsum; nam tale per accidens potest esse necessarium aliquod. //

C 128r1   7.119 Ad aliud, quod rationale significat partem hominis, et tamen vere praedicatur de homine, quia significat partem quidditativam hominis, et sic quod est pars alicuius est totum universale respectu eiusdem.

⟨Ad 6⟩

7.120 Ad aliud principale concedendo quod contingat definire per genus

886 rationale] per *add. et exp.* C   897 sic quod] quod sic C

883 Vide supra, 7.40.
886 Vide supra, 7.41.
895 Vide supra, 7.43.
898 Vide supra, 7.44-7.45.

supremum et per ultimam differentiam. Et dicendum quod animal per se includitur in substantia rationali, et tamen in neutra parte per se includitur.

7.121 Ad primum in contrarium concedendo quod 'substantia rationalis' significat idem quod 'animal rationale'. Et dicendum quod 'substantia' in proposito non contrahitur ad hominem, sed est ita indifferens sicut prius. Si enim substantia contrahetur ad standum pro homine, sic dicto 'substantia rationalis', hic foret nugatio, quia in prima parte per se includeretur secunda. Communiter tamen dicitur quod determinatio determinabile suum contrahit, sed hoc non est sic intelligendum quod per talem contractionem determinabile stet pro paucioribus quam prius; sed dicitur determinabile contrahi quia compositum ex determinatione et determinabili stat pro paucioribus quam ipsum determinabile acceptum secundum se.

7.122 Et quando dicitur quod, si substantia hic non contrahatur, contingeret descendere sub ea disiunctive, et similiter, posset negari pro qualibet substantia, dicendum quod neutrum sequitur, quia pars extremi non supponit pro aliquo in illo extremo cuius est pars; et ideo sub parte extremi nullo modo contingit descendere.

7.123 Ad aliud in contrarium, quod idem est dicere 'substantia rationalis' et dicere 'substantia animata sensibilis rationalis', et tamen sic dicto 'substantia animata et caetera', non est nugatio; sed eadem res importatur per istud explicite quae importatur per 'substantiam rationalem' implicite.

⟨Ad 7⟩

7.124 Ad aliud principale patet ex praedictis, quia solum probat hanc esse veram 'rationale per se est animal'.

⟨Ad 8⟩

7.125 Ad aliud, quod probat idem.

---

910 ex] est C   918 animata] *iter.* C

902 Vide supra, 7.46.
912-914 Vide supra 7.47-7.48.
917 Vide supra 7.46.
921 Vide supra, 7.49-7.53.
923 Vide supra, 7.54-7.55.

⟨Ad 9⟩

7.126 Ad penultimum dicendum quod propositio non est per se in qua numerus praedicatur de sua differentia. Et dicendum quod argumentum petit, quod haec species ternarius non excedit speciem binarii in aliqua unitate. Immo, si ponatur quod species ternarii componatur ex unitatibus, oportet concedere quod ex omnibus eisdem componitur binarius. Istae tamen species dicuntur habere proportionem ad invicem non pro seipsis, sed pro suppositis; suppositum enim ternarii excedit suppositum binarii in aliqua unitate.

⟨Ad 10⟩

7.127 Ad ultimum, quod ultima differentia non significat idem quod species, nec propter hoc dicitur quod ultima differentia est tota substantia rei; sed hoc dicitur quia ultima differentia est formale in specie.

⟨Aliud argumentum quod sic⟩

7.128 Aliud principale potest argui: probo quod si haec sit vera 'rationale est animal', quod sit per se, quia 'rationale' significat unam rem numero et 'animal' similiter, aut ergo significant eandem rem aut diversam. Si eandem, tunc est per se. Si diversam, tunc est falsa, quia denotatur quod una res numero sit eadem alii rei quae est una numero.

7.129 Quod autem 'animal' significet unam rem numero probatur sic: tanta identitate est res significata per 'animal' eadem sibi, quanta identitate res significata per 'Socratem' est idem sibi; sed Socrates est idem sibi identitate numerali, quia est maxima identitas; ergo res significata per 'animal' est eadem sibi identitate numerali. Sed quod non est unum numero, non est idem alicui identitate numerali, ergo et caetera.

7.130 Praeterea, si haec esset per accidens 'rationale est animal', tunc animal accidet rationali; sed quandocumque aliqua duo sic se habent quod unum accidit alteri, utrumque illorum accidit tertio, sicut patet de homine et albo: ut quia album accidit homini, ideo homo albus accidit Socrati; ergo hoc totum 'animal rationale' accidet homini.

---

924 Vide supra, 7.56-7.59.
932 Vide supra, 7.60.

⟨Ad argumentum⟩

7.131 Ad primum istorum potest dici quod 'animal' non significat unum numero, sed unum genere.

7.132 Ad probationem concedendo quod res significata per 'animal' est eadem sibi tanta identitate quanta Socrates est idem sibi; tamen res significata per 'animal' non est eadem sibi identitate numerali, sed aliqua identitas alia ab identitate numerali est tanta quanta est identitas numeralis. Unde identitas generis et etiam speciei est duplex, quaedam absoluta et quaedam respectiva: absoluta, ut illa identitas qua dicitur quod species vel genus est una res absolute; identitas respectiva, ut illa qua dicitur quod species est idem sibi vel quod genus est idem sibi. Unde concedo quod identitas respectiva secundum speciem vel secundum genus est tanta quanta identitas numeralis, etsi non identitas absoluta.

7.133 Ad aliud, quod non oportet generaliter, etsi aliqua duo sic se habeant quod unum accidat alteri, quod propter hoc utrumque accidat cuicumque tertio, sicut patet de homine et albo. Et si unum accidat relicto, non tamen propter hoc utrumque istorum accidet cuicumque tertio.

960 idem²] ? C

951 Vide supra, 7.128.
953 Vide supra, 7.129.
963 Vide supra, 7.130.

⟨QUAESTIO VIII⟩

QUAESTIONES SUNT AEQUALES, ET CAETERA

⟨VIII⟩

⟨C⟩irca istud quaeratur utrum quaeribilia et vere scibilia sint eadem numero.

⟨1⟩

8.01 Videtur quod non, nam propter quid homo est risibilis, est quaeribile, et tamen istud non est vere scibile. Quia si sit vere scibile, ergo per causam, quae causa potest quaeri, et per consequens vere sciri; et sic adhuc scitur per causam et sic esset processus in infinitum; et sic propter quid haberet propter quid in infinitum.

⟨2⟩

8.02 Praeterea, de subiecto demonstrationis potest quaeri quid ipsum est; sed hoc de eo non potest vere sciri, quia sic posset per demonstrationem vere concludi. Sed hoc est falsum, quia de subiecto debet praecognosci quid est; sed illud quod de aliquo praecognoscitur de eodem non demonstratur.

⟨3⟩

8.03 Praeterea, scientia est effectus demonstrationis, ergo quod scitur, per demonstrationem scitur. Sed in demonstrationibus non cadunt quaestiones, quoniam per hoc differt dialecticus a demonstratore quod dialecticus interrogat, sed demonstrator non interrogat, sed sumit quod demonstrat. Ergo sequitur quod scientia et quaestio non sint de eodem, quia scientia est de conclusione demonstrationis et quaestio non.

---

    1 Quaestiones...caetera] quaestiones vero sunt aequales numero. / Secundus liber posteriorum G   2 ⟨q⟩uaeratur circa istud *tr*. G | sint] sunt G   5 istud] *om*. G | vere¹] veri G   12 illud] de quo *add. et exp.* G   18 sequitur] videtur C | sint] sunt G

    1 G: f. 107rb, line 18.
    1 *APo* II.1, 89b23-24; *AL*, p. 69, l. 3.
    2 Cf. Ps.-Scotus, *Super lib. Post.* II, q. 1, pp. 323-324.
    11-12 Vide supra, 5.01.
    16-17 *APr* I.1, 24a22-5; *AL*, p. 5, ll. 15-19.

⟨QUAESTIO VIII⟩

8.04 Ad istud dicitur quod dialecticus interrogat et demonstrator similiter, sed diversimode, quia dialecticus interrogat de praemissis et etiam de conclusione, sed demonstrator supponit praemissas et interrogat de conclusione. Et ideo, quia sola conclusio scitur proprie, et demonstrator interrogat de conclusione, ideo de eodem est scientia et quaestio.

8.05 Contra istud: illud quod demonstrator demonstrat est conclusio; sed demonstrator non interrogat id quod demonstrat, sed sumit quod demonstrat; ergo demonstrator non interrogat conclusionem.

8.06 Praeterea, in demonstrativis oportet discentem credere; sed homo non addiscit nisi conclusionem; ergo oportet in demonstrativis credere conclusioni et non dubitare de conclusione. Sed quaestio non est nisi de dubio; ergo quaestio non est de conclusione.

⟨4⟩

8.07 Aliud principale: de simplicibus est scientia, sicut patet, nam de talibus traditur scientia duodecimo *Metaphysicae*. De simplicibus tamen non est quaestio, quia in omni quaestione aliquid quaeritur et aliquid supponitur. Sed in simplici non est distinguere talia duo quorum unum quaeritur et aliud supponitur; de talibus ergo non est quaestio.

⟨5⟩

8.08 Praeterea, tantum quatuor sunt quaestiones; sed infinita sunt vere scibilia, quia infinitae sunt conclusiones demonstrationum; ergo plura sunt scibilia quam quaeribilia.

⟨6⟩

8.09 Praeterea, aliquando quaerimus de non ente; sed de non ente non est scientia, quia per Philosophum, quod // non est, non contingit sciri; ergo de aliquo est quaestio de quo non est scientia.

---

23 et²] interrogator *add. et exp.* G   24 quaestio et scientia *tr.* G   25 istud] *om.* G   26 non] de *add. et exp.* G   27 conclusionem] et caetera *add. et exp.* G   31 est] nisi *add.* C   37 vere] *om.* G   40 sed] non *add. et exp.* G   41 quod non est] *inser.* G

28 *APo*, I.2, 72a16-17; *AL*, pp. 8-9. ll. 24-1.
33 *Metaph.* XI.7, 1059b34-39.
33-34 Cf. ibid. VII.17, 1041b9-11.
41 *APo*, I.2, 71b25-6; *AL*, p. 7, ll. 26-7.

⟨7⟩

8.10 Praeterea, quaestiones sunt contingentium, quoniam de contingentibus contingit quaerere. Sed nihil est vere scibile nisi necessarium, sicut patet ex definitione scire: nam scire est eorum quae impossibile est aliter se habere; ergo de aliquo est quaestio de quo non est scientia.

⟨8⟩

8.11 Praeterea, quaestiones sunt singularium; sed scientia non est nisi universalium: dicit enim Philosophus quod sensus est singularium et scientia universalium; ergo et caetera.

⟨9⟩

8.12 Praeterea, omnis quaestio est quaeribilis; sed nulla quaestio est scibilis; ergo et caetera. Prima pars antecedentis patet. Probatio secundae partis: quoniam nihil scitur nisi verum; sed nulla quaestio est vera, sicut patet inductive. Quaestio quid est non est vera, quia si sic, dicens 'quid est homo' diceret verum; nec quaestio quia est, quia si sic, dicens 'utrum homo est risibilis' diceret verum; et eadem ratio est de aliis.

8.13 Si dicatur quod aliqua quaestio est vera, quia propositio et quaestio sunt eadem, unde ista propositio 'homo // est risibilis' est una quaestio, contra: si haec propositio 'homo est risibilis' esset una quaestio, aliquis posset quaerere istam quaestionem, et non nisi sic dicendo 'utrum homo est risibilis'. Ergo sic dicendo, quaereretur haec quaestio 'homo est risibilis,' et sic dicendo, quaeritur haec quaestio 'utrum homo est risibilis,' quae est alia ab hac propositione 'homo est risibilis'. Ergo si aliquis quaerat utrum homo est risibilis, ipse quaereret duas quaestiones.

8.14 Praeterea, argumentum non solvitur, quia arguo sic: omne quod scitur est verum; sed aliqua est quaestio quae non potest esse vera; ergo aliqua est quaestio quae non potest sciri. Probatio minoris: quoniam haec quaestio 'utrum homo est risibilis' nunquam potest sciri.

8.15 Praeterea, si omnis quaestio esset scibilis, quaerens 'quid est homo'

---

45 impossibile] impossibiliter G   48-49 scientia est universalium et sensus singularium *tr.* G   51 antecedentis] *om.* G   55 est ratio *tr.* G   58 haec...risibilis] *om.* G   61 risibilis] animal *inser.* G   62 aliquis] homo *add.* G | quaerat] quaerit G   63 risibilis] *corr.* C | quaereret] quaerit G

45-46 habere] *APo*, I.2, 71b9-12; *AL*, p. 7, ll. 4-7.
48 *Metaph.* I.1, 981a15-16.

quaereret unum scibile, et per consequens quaereret unam propositionem; sed nullam quaerit. Probatio: quia qua ratione quaereret istam 'homo est animal rationale', eadem ratione quaereret istam 'homo est animal', et istam similiter 'homo est substantia'. Quia ad istam quaestionem 'quid est homo' convenienter contingit respondere sic dicendo 'homo est animal rationale', et etiam dicendo 'homo est animal', et sic de singulis praedicatis in quid de homine. Ergo qua ratione sic quaerens quaereret unam propositionem, quaereret multas.

8.16 Hoc potest sic argui: ubicumque aliquid scitur proprie, ibi scitur aliquid inesse alicui; sed alicubi quaeritur aliquid ubi non quaeritur aliquid de aliquo, quia sic dicto 'quid est homo', ibi non quaeritur aliquid de aliquo, quia qua ratione quaereretur unum praedicatum in quid de homine, quaereretur quodlibet praedicatum in quid de homine. Cum ergo secundum non sit verum, nec primum est verum.

⟨Ad oppositum⟩

8.17 Ad oppositum est Aristoteles dicens: quaestiones sunt aequales numero his quae vere scimus, et caetera.

⟨Responsio⟩

8.18 Ad quaestionem dicendum distinguendo de scire, quoniam scire multipliciter dicitur: communiter, proprie, magis proprie et maxime proprie, sicut dictum est prius. Accipiendo 'scibile' quarto modo, secundum quod aliquid dicitur sciri proprissime, sic quaestiones et vere scibilia non sunt aequalia numero. Nam aliquid potest quaeri quaestione pertinente ad demonstratorem quod tamen non potest proprissime sciri: ut quid et propter quid possunt quaeri, et tamen ista non possunt proprissime sciri, quia nihil scitur proprissime nisi conclusio in demonstratione propter quid; sed quid et propter quid non possunt in tali demonstratione concludi. Accipiendo tamen 'vere scibile' pro omni eo quod aliquando est dubitatum et postea potest sciri, et sic quaestiones et vere scibilia sunt aequalia numero. Nam

---

70 qua ratione] *inser.* G   72 istam] ista G   73 sic] *om.* G   78 alicubi] aliquando G   79 ibi] hic G 80 quaereretur] quaeritur C   81-82 cum...verum²] consequens falsum ergo antecedens G   84 quae] quaecumque G | et caetera] *om.* G   87 sicut...prius] *om.* G 88 sciri] scire G | proprissime] maxime proprie G 89 aliquid] quod ? *add. et exp.* C   95 et¹] *om.* G

83 *APo*, II.1, 89b23-24; *AL*, p. 69 l. 3.
85-87 Vide supra, 5.25.

omne vere scibile isto modo est quaeribile et econtrario. Cuius declaratio est: nam omnis propositio est vera vel falsa. Si sit falsa, tunc non scitur; si sit vera, aut ergo est per se nota aut per aliud. Si sit per se nota, tunc non est quaeribilis, nullus enim quaerit id quod de se est notum. Si sit notum per aliud, tale secundum se potest esse dubium, et omne dubium quod per aliud potest esse manifestum est quaeribile. Omne ergo vere scibile est quaeribile.

8.19 Consimiliter, omne quaeribile est vere scibile, quoniam nihil est quaeribile quod de se est notum, quia nihil debet quaeri nisi dubium, et omne dubium quod per aliud potest cognosci est vere scibile. Ergo omne quaeribile est scibile. Vel potest hoc ostendi brevius sic: quod est vere scibile est tale quod non est de se notum, sed quod potest esse notum per aliud—sicut patet ex definitione scire: scire est rei causam cognoscere et caetera—et omne tale est aliquando dubium et potest esse notum. Sed de quolibet dubio quod potest esse notum, potest esse quaestio; ergo omne vere scibile est quaeribile.

8.20 Similiter, econtrario: omne quaeribile est vere scibile, quia nihil quaeritur rationabiliter nisi quod est dubium et postea potest esse notum. Fatuum enim esset quaerere notitiam alicuius cuius notitia nunquam potest haberi. Sed omne dubium quod per aliud potest esse notum est vere scibile; ergo omne quaeribile est vere scibile.

8.21 Unde intelligendum est quod Philosophus in proposito per 'vere scibile' non intelligit solum conclusionem demonstrationis, sed intelligit omne quod potest sciri quod tamen prius fuit dubium. Unde quodlibet est vere scibile quod potest esse aliquando dubium et aliquando manifestum, sive sit conclusio sive principium.

⟨Ad 1⟩

8.22 Per hoc patet ad primum principale, cum dicitur quod propter quid homo est risibilis est una quaestio et tamen istud non est vere scibile, dicendum quod istud est vere scibile, quia propter quid homo est risibilis

---

98 est] *om.* C | sit²] *om.* G   105 potest] possibile est G   106 Vel...brevius] hoc potest ostendi G   108 rei] per G   109 quolibet] omne ? *add. et exp.* G   110 omne] *inser.* G   114 notitia] notitiam G   117 est] *om.* G   119 sciri] scire G   120 aliquando¹] *om.* G

108 *APo* I.2, 71b9-12; *AL*, p. 7, ll. 4-7.
117 *APo*, II.1, 89b23-4; *AL*, p. 69, l. 3.
122 Vide supra, 8.01.

aliquando est alicui dubium et postea est sibi notum. Sed tamen istud non 125
est vere scibile per causam, quia istud non est unum scibile tali scientia
quali scientia scitur conclusio in demonstratione propter quid.

⟨Ad 2⟩

8.23 Ad aliud principale, cum dicitur quod quid est est una praecognitio,
quia de subiecto debet praecognosci quid est, dicendum est uno modo
quod illud idem quod primo est quaestio, postea respectu alterius potest 130
esse praecognitio. Unde etsi quid est sit primo una quaestio, tamen quando
scitur de subiecto quid ipsum est, tunc quid est est una praecognitio
respectu conclusionis. Unde respectu eiusdem non potest aliquid esse
quaestio et praecognitio.

8.24 Vel aliter potest dici, quod quid est duplex, scilicet quid rei et quid 135
nominis. Quid rei est quaestio, sed quid nominis est praecognitio.

8.25 Ad cuius evidentiam sciendum, secundum assumptiones, quod ista
tria se habent secundum ordinem: quid nominis, si est et quid rei. Quid
nominis est una cognitio incompletissima quae de re haberi potest, unde
scire quid nominis non est nisi scire quod illud quod significatur est unum 140
tale quod potest significari per nomen. Nunc quidlibet quod potest apprehendi
ab intellectu potest significari per nomen, sive sit ens reale // sive
fictum ab intellectu; et ideo quid nominis est commune ad quodlibet quod
potest ab intellectu apprehendi. Unde scire quid significatur per nomen,
secundum quod est una praecognitio, non est scire quid nomen significat 145
—nam etsi rei non imponatur nomen, possum de re habere illam praecognitionem
quae dicitur quid nominis, sed scire quid nominis secundum quod
// est una praecognitio est scire rem esse talem quod potest ab intellectu
apprehendi. Et hoc est habere de re notitiam maxime incompletam. Sed scire
si est est cognitio completior, nam scire de re si est, secundum quod si est est 150
una quaestio, est scire rem esse rem alicuius praedicamenti ita quod sit talis
res quod definitionem posset habere. Unde quaerere si est de re, secundum
quod loquitur Philosophus, non est quaerere si res habeat esse existere, sed

---

128 principale] *om.* G 132 praecognitio] ? C 135 potest dici] *om.* C 137
cuius] est *add. et exp.* C | evidentiam...assumptiones] intellectum intelligendum est G
139 haberi] habere G 144 apprehendi ab intellectu *tr.* G | scire] ? C | quid] quod
G 145 secundum quod] *om.* C 146 etsi] si G | imponatur] imponitur G 146-
147 illam praecognitionem] cognitionem G 153 Philosophus loquitur *tr.* G

128 Vide supra, 8.02
135-136 Vide supra, 5.02.
153 *APo*, II.1, 89b31-3; *AL*, p. 69, ll. 11-14.

est quaerere si res habeat esse praedicabile, scilicet si sit res definibilis. Sed scire quid rei est scire de re in quo praedicamento sit, et quae sit eius definitio sive quid res est secundum speciem specialissimam. Unde scire quid nominis est scire rem esse significabilem per vocem, et scire de re si est est habere notitiam de re secundum genus, et scire quid rei est habere notitiam de re secundum speciem specialissimam. Et ideo ista tria se habent secundum ordinem ita quod quid nominis est superius ad si est, et si est est superius ad quid rei; et ideo quid rei praesupponit si est, et si est praesupponit quid nominis.

8.26 Intelligendum est ulterius quod quid nominis est praecognitio et non quid rei, quia Philosophus determinans de praecognitionibus determinat de talibus praecognitionibus quae requiruntur in omni demonstratione; sed non oportet in omni demonstratione de subiecto praesupponere quid rei, quia non in demonstratione quae est ab effectu ad causam; sed quid nominis debet praesupponi in omni demonstratione.

8.27 Sciendum tamen quod in scientia acquisita per inventionem vel in demonstratione quam aliquis facit per se ipsum cogitando non oportet praesupponere quid significatur per nomen, quia tales demonstrationes non indigent nomine. Nec scire quid nominis secundum quod est una praecognitio est idem quod scire quid significatur per nomen; sed scire quid nominis est scire de re ipsam esse talem quod per nomen posset significari. Verumtamen, etsi quid rei non sit una praecognitio communis cuilibet demonstrationi, tamen in demonstratione propter quid oportet de subiecto praesupponere quid rei ante scientiam conclusionis.

⟨Ad 3⟩

8.28 Ad aliud principale dicendum quod in demonstrativis cadunt quaestiones. Et dicendum, sicut prius, quod demonstrator interrogat conclusionem, sed non praemissas, et in hoc differt a dialectico.

8.29 Ad primum in contrarium dicendum quod demonstrator ante conclusionem conclusam interrogat id quod postea demonstrat. Et cum dicitur quod

---

154 scilicet] *om.* G   165 oportet] *inser.*; sufficit ? *add. et exp.* G | rei] si *add. et exp.* C   168-169 per inventionem...cogitando] *iter. et exp.* G   170 quid] quod G   171 scire] *inser.* C G | est idem] *iter. et exp.* G   173 significari] significare G   177 principale] *om.* G   179 praemissas] praedictos ? G   180 in contrarium dicendum] contra G

163 *APo* I.1, 71a11-17; *AL*, p. 5, ll. 12-18. Vide supra, 5.04.
177 Vide supra, 8.03.
180 Vide supra, 8.04-8.05.

⟨QUAESTIO VIII⟩

demonstrator non interrogat quod demonstrat, dicendum quod li 'quod' ibi est nominativi casus, et est sensus: demonstrator non interrogat illud quod demonstrat suam conclusionem. Et hoc est verum, quia principium demonstrat conclusionem; sed demonstrator non interrogat principium. Unde secundum quod li 'quod' est nominativi casus, sic est haec vera 'demonstrator non interrogat illud quod demonstrat'; et secundum quod est accusativi casus, sic est haec vera 'quod demonstrator demonstrat est conclusio.'

8.30 Ad aliud, cum dicitur quod oportet discentem credere, dicendum quod hoc est verum. Oportet discentem credere conclusioni postquam est conclusa; sed antequam conclusio sit conclusa debet dubitare de conclusione et eam quaerere.

⟨Ad 4⟩

8.31 Ad aliud principale quod sicut de simplicibus est scientia, sic de eis // est quaestio. De eis enim non habemus scientiam per principia intrinseca quae facit compositionem, sed per effectus. Et sic fit de eis quaestio. Unde facta quaestione de simplicibus, unum supponitur et aliud quaeritur, quorum unum est intrinsecum et aliud extrinsecum.

8.32 Vel aliter, cum dicitur quod de simplici non fit quaestio, dicendum quod accipiendo propositionem simplicem talem inter cuius subiectum et praedicatum non est diversitas, cuiusmodi est haec 'homo est homo', de tali non fit quaestio. De substantiis tamen simplicibus, ut de intelligentiis, potest fieri quaestio, quia de talibus potest esse scientia per suos effectus.

⟨Ad 5⟩

8.33 Ad aliud principale, quod tot sunt quaestiones secundum genus pertinentes ad demonstratorem quot sunt vere scibilia, et econtrario; et tot sunt quaestiones secundum numerum quot sunt et vere scibilia, et econtrario. Et quia infinita sunt vere scibilia secundum numerum, et ideo infinitae quaestiones, tamen non sunt nisi quatuor quaestiones secundum genus.

182 ibi] *om.* G   187 illud] *om.* C | sic] *om.* G   191 conclusio] *om.* G | sit] est G   203 quod] *om.* G   205 sunt et vere] et C | et econtrario] *om.* G   206 ideo et *tr.* G

189 Vide supra, 8.06.
193 Vide supra, 8.07.
199-201 Cf. *Metaph.* VII.17, 104 1a14-19.
203 Vide supra, 8.08.

⟨Ad 6⟩

8.34 Ad aliud principale, quod de non ente, quod nullo modo est ens in genere, non fit quaestio pertinens ad demonstratorem, sicut nec de tali est scientia. Unde, etsi de tali non ente posset fieri quaestio, non tamen quaestio pertinens ad demonstratorem.

⟨Ad 7 et 8⟩

8.35 Ad alia duo sequentia, quod sicut nec scientia demonstrativa est de contingentibus nec de singularibus, sic nec quaestiones pertinentes ad demonstratorem.

⟨Ad 9⟩

8.36 Ad ultimum dicendum quod quaestio est duplex: quaedam est quaestio exercita et quaedam concepta. Quaestio exercita dicitur oratio in qua ponitur nota quaerendi, et sic haec tota oratio 'utrum homo est risibilis' vel 'propter quid homo est risibilis' est una quaestio. Et talis quaestio non potest sciri, loquendo de scire de quo dicitur nihil scitur nisi verum; talis enim oratio nec est vera nec falsa. Quaestio concepta dicitur propositio dubia cuius cognitio quaeritur, et sic haec propositio 'homo est risibilis' vel ista 'triangulus habet tres angulos, et caetera' est quaestio. Cum ergo dicitur quod omnis quaestio est quaeribilis, hoc est verum loquendo de quaestione concepta, sed non de quaestione exercita; et talis quaestio, scilicet concepta, est scibilis sicut est quaeribilis.

8.37 Ad primum in contrarium probans quod haec 'homo est risibilis' non sit quaestio, dicendum quod est quaestio, et potest quaeri sic dicendo 'utrum homo est risibilis' vel 'estne homo risibilis'. Et sic quaerendo non quaeritur nisi una quaestio, quoniam sic quaerens non quaerit hanc orationem // 'utrum homo est risibilis'; sed per hanc 'utrum homo est risibilis' tamquam per instrumentum quaerit istam 'homo est risibilis', et sic non quaeritur nisi una quaestio.

---

208 principale] *om.* G   209 demonstratorem] demonstrationem C   215 Ad] aliud *add.* G   216 exercita²] primo modo dicta G   219-220 talis...falsa] tales enim orationes nec sunt verae nec falsae G   220 concepta] secundo modo G   221-222 vel... caetera] *om.* G   222 dicitur] debet C   226 in contrarium] contra G | est] sit C | sit] est G

208 Vide supra, 8.09.
212 Vide supra, 8.10-8.11.
215 Vide supra, 8.12.
226 Vide supra, 8.13.

8.38 Ad aliud, quod illud argumentum probat verum, scilicet quod non omnis quaestio potest sciri, quoniam quaestio exercita non potest sciri.

8.39 Si dicatur haec est vera 'tu scis utrum homo est risibilis', et per hanc denotatur te scire quaestionem exercitam; similiter, haec est vera 'utrum homo est risibilis quaeritur,' et per hanc denotatur quod quaestio exercita quaeritur, dicendum est quod sic dicendo 'tu scis utrum homo est risibilis' non denotatur te scire hanc orationem 'utrum homo est risibilis', sed denotatur // te scire istam 'homo est risibilis' vel suum oppositum.

8.40 Similiter, cum dicitur 'utrum homo est risibilis quaeritur', per hanc non denotatur quod haec oratio quaeritur 'utrum homo est risibilis', sed quod haec quaeritur 'homo est risibilis.' Ista tamen posset distingui 'utrum homo est risibilis quaeritur.' Si enim subiectum habeat suppositionem ⟨materialem⟩, sic est falsa; et si habeat suppositionem personalem, sic est vera, quia sic aliud est quod supponit et pro quo subiectum supponit. Unde quod aliquid dicatur quaestio, hoc potest esse de duplici causa: vel quia ipsum quaeritur, et sic ista 'homo est risibilis' est quaestio; vel quia ipsum est illud per quod aliud quaeritur, et sic haec oratio 'utrum homo est risibilis' est una quaestio.

8.41 Ad ultimum quod tangitur, quod sic dicto 'quid est homo' nulla propositio determinate quaeritur, sed multae propositiones sub disiunctione, ut quaelibet propositio in qua aliquid praedicatur in quid de homine. Si enim determinate una propositio quaereretur, non possem bene respondere ad hanc quaestionem nisi per illam propositionem quae quaeritur.

8.42 Vel aliter potest dici quod per hanc quaestionem 'quid est homo' quaeritur haec propositio 'homo est animal rationale', quia illa propositio quaeritur per quam contingit convenientissime respondere; sed convenientissime respondetur per hanc, et convenientius per genus subalternum quam per genus generalissimum, sicut vult Philosophus in Praedicamentis.

233 quod] *inser.* G   234 quaestio¹] non *add. et exp.* G | sciri¹] scire G   235 haec est vera] *om.* G   236 te scire] *inser.* G   238 est¹] *om.* C | est²] sit C   239 est] sit C | denotatur] s *add. et exp.* G   242 quod¹] quid C   243 posset] potest G   244 enim] *om.* G | habeat] habet G | ⟨materialem⟩] simplicem G; *om.* C | est] *om.* G   245 habeat suppositionem] *om.* G   247 de duplici] duplici de *mss.* | ista] *inser.* G   248 quia] quod G   250 ultimum quod tangitur] aliud contra G   252-253 determinate...quaereretur] una propositio determinate quaeritur G   253 hanc] ? G   257 convenientissime¹] convenienter G | convenientissime²] convenienter G   259 vult] dicit G

233 Vide supra, 8.13
250 Vide supra, 8.15.
259 *Cat.* 5, 2b8-10.

9.01 ⟨C⟩irca sufficientiam istarum quaestionum, an sint tantum quatuor, sit quaestio sine argumentis, et dicendum quod sunt quatuor quaestiones secundum genus pertinentes ad demonstratorem et non plures. Sed sufficientia istarum quaestionum diversimode accipitur a diversis, uno modo sic: cum Philosophus non determinat hic de omni quaestione, sed solum de quaestionibus pertinentibus ad demonstratorem, secundum illa quae sunt in demonstratione oportet dare sufficientiam quaestionum hic numeratarum. In demonstratione autem sunt duo de quibus fit quaestio, scilicet subiectum et passio. Primae duae quaestiones, scilicet quia et propter quid, sunt de passione, sed aliae duae quaestiones sunt de subiecto.

9.02 De subiecto enim contingit quaerere dupliciter: vel enim quaeritur de esse subiecti, et sic est quaestio si est; vel de quidditate subiecti, et sic est quaestio quid est. De passione etiam contingit dupliciter quaerere. Aut enim quaeritur de eius esse, et quaestio sic quaerens est quaestio quia est, quoniam accidentis esse est inesse. Unde quaerere an accidens sit est quaerere si accidens insit subiecto, et quaestio quaerens an praedicatum insit subiecto est quaestio quia. Aut quaeritur de essentia seu quidditate passionis, et tunc est quaestio propter quid: sicut enim accidentis esse est inesse, sic accidentis quid est idem cum suo propter quid.

9.03 Aliter dicitur, supponendo quod de subiecto debet praecognosci quid est et quia est, quod sufficientia istarum quaestionum non debet accipi quaerendo aliquid de subiecto, nam de subiecto non fit quaestio. Sed omnes istae quaestiones quaeruntur de passione; et ideo accipiunt sufficientiam istarum quaestionum quaerendo de passione. Sic passio potest dupliciter considerari: vel in se et absolute, vel secundum quod inhaeret subiecto. Etsi enim omnis passio insit subiecto, passio tamen potest absolute considerari, non ut inhaeret subiecto. // Si enim consideretur passio absolute, sic de passione sunt duae quaestiones: una de eius esse, et est quaestio si est; alia de eius quidditate, et est quaestio quid est. Si consideretur passio prout inhaeret subiecto, sic de passione sunt aliae duae quaestiones: una de eius esse, et hoc est de eius inesse et est quaestio quia est; alia de eius essentia, et hoc est de causa suae inhaerentiae et est quaestio propter quid est.

---

6 illa] ista G   9 quia] est *add.* G   10 quaestiones] s s sunt *add.* G   13 est quid *tr.*; quid *inser.* G   20 praecognosci] praesupponi G   20-21 quid est et quia est] quia est quid est C   21 quod] quia G   22 quaerendo] quarend⟨o⟩ C | nam] na⟨m⟩ C   27 non ut inhaeret] non non inhaerens G | consideretur] consideratur G   29 consideretur] consideratur G   33 est] *om.* G

5 *APo* II.1, 89b23-25; *AL*, p. 69, ll. 3-15.

9.04 Aliter ponitur adhuc quod sunt quatuor quaestiones et non plures. Sic omnis quaestio quaerit aliquid de aliquo, et ideo omnis quaestio est complexi seu compositi. Sed illud quod quaeritur de alio dupliciter potest se habere ad illud de quo quaeritur: quia vel est in natura eius, et tunc est quaestio non ponens in numerum; aut est diversum in natura ab illo, et sic est quaestio ponens in numerum, quia quod est diversum ab alio ipsum ponit in numerum cum illo. Et sic sunt duo genera quaestionum, scilicet quaestio ponens in numerum et quaestio non ponens in numerum. Si autem illud quod quaeritur de alio sit de natura illius de quo quaeritur, hoc potest esse dupliciter: quia aut est quiddam indeterminatum in natura eius de quo quaeritur, tamquam primum ens in natura eius, et sic est quaestio si est; aut idem penitus in natura cum ipso, et sic est quaestio quid est, ut si quaeram an homo sit animal rationale. Et quia tota natura praesupponit primum in natura, et ens determinatum praesupponit ens indeterminatum, ideo quaestio quid est praesupponit questionem si est. Si autem illud quod quaeritur de // alio sit diversum in natura ab illo de quo quaeritur, sicut contingit quando fit quaestio de inhaerentia passionis ad subiectum, hoc contingit dupliciter: quia aut quaeritur de sola inhaerentia aut de causa inhaerentiae; primo modo est quaestio quia est, secundo modo est quaestio propter quid est. Et notandum quod quaestio quia est non dicitur quaestio quia haec coniunctio 'quia' sit nota interrogandi, sed quia est nota terminandi quaestionem. Non enim quaerimus quaestionem quia est sic: 'quia homo est albus', sed sic: 'utrum homo sit albus'; et si sciremus quia homo est albus, non quaeremus utrum homo sit albus. Et ideo quia non est nota quaerendi quaestionem, sed magis nota terminandi quaestionem.

⟨IX⟩

⟨Q⟩uaeratur utrum quaestio quid est sit quaestio pertinens ad demonstratorem.

⟨1⟩

9.05 Videtur quod non, nam omnis quaestio pertinens ad demonstratorem potest terminari per demonstrationem; sed quaestio quid est non potest

---

37 in] *exp.* C   38 ab] cum C   40 sunt] *om.* C   41 quaestio²] *om.* G   46 sit] est C   49 alio] di *add.* G   55 quaerimus] *corr.* G | quia est sic] *om.* C   57 Et] *om.* G | nota] *om.* C   62 est] *om.* G

40-41 *APo* II.1, 89b25-26, 31-32; *AL*, p. 69 ll. 4-6, 11-13.
60 Cf. Ps.-Scotus, *Super lib. Post.* II, q. 3, pp. 326-8.

terminari per demonstrationem, quia quod quid non demonstratur de eo cuius est, per Philosophum.

⟨2⟩

9.06 Praeterea, per Philosophum, omnis quaestio est quaestio medii; ergo si quaestio quid est esset quaestio, tunc esset quaestio medii, et sic quaereretur medium ad terminandum ipsum. Sed medium et causa ⟨sunt⟩ idem, et causa et definitio similiter sunt eadem; ergo quaestio quid terminaretur per definitionem, et illa definitio eadem ratione per aliam definitionem, et sic in infinitum.

⟨3⟩

9.07 Praeterea, omne quaeribile est dubitabile; sed quid rei non est dubitabile de re; ergo de re non debet quaeri quid ipsum est.

9.08 Istud confirmatur sic: omnis quaestio quaerit diversum de diverso, quia quaerere idem de se nihil est quaerere: ut quaerere utrum homo sit homo; sed quid rei est idem cum re cuius est quid; ergo quid rei non debet quaeri de re.

⟨4⟩

C 130r1   9.09 Praeterea, omnis quaestio vel est simplex vel composita; sed quaestio quid est nec est // simplex nec composita. Non est composita, certum est. Nec est simplex, quia quaestio quid est et quaestio propter quid est idem quaerunt, ut patet in littera; sed quaestio propter quid non est quaestio simplex; ergo nec quaestio quid est.

⟨5⟩

9.10 Praeterea, qua ratione quaestio quid est pertineret ad demonstrationem, eadem ratione quaestio quaerens quale est vel quantum est pertineret

---

66 tunc] *om.* C   69 eadem ratione] per eandem rationem G   74 ut] *corr.* C; non G   75 cuius] *corr.* C   79 quid²] *om.* C   80 quaestio¹] quid non est *add., sed exp.* G   82 praeterea] *inser.* G | quaestio] *om.* G   83 est²] *om.* G

64 *APo* II.3-10, 90a???; *AL,* pp. 71-84, ll. 15-20.
65 *APo* II.3, 90a35-36; *AL,* p.71, ll. 15-16.
75 *Metaph.* VII.6, 1031b18-20.
77 Cf. *APo* II.1, 89b31-3; *AL,* p. 69, ll. 11-14.
80 *APo* II.2, 90a14-15; *AL,* p. 70, ll. 16-18.

ad demonstrationem. Et similiter, quaestio quaerens qualiter praedicatum inhaeret subiecto esset quaestio pertinens ad demonstrationem, quod falsum est. Sic enim essent plures quaestiones quam quatuor.

⟨Ad oppositum⟩

9.11 Ad oppositum est Philosophus ponens quatuor quaestiones pertinentes ad demonstratorem, quarum una est quaestio quid est.

---

85 inhaeret] inest G

87 *Apo.* II.1, 89b23-25; *AL*, p. 69, ll. 3-4.

88 The **responsio** and **ad argumenta** for Questions 9 and 10 are found at 10.10.

⟨X⟩

Iuxta istud quaeratur utrum quaestio si est sit quaestio pertinens ad demonstratorem.

⟨1⟩

10.01 Videtur quod non, quia in nulla quaestione quaeritur nisi diversum de diverso; sed esse non est diversum ab eo cuius est; ergo esse non est quaeribile de aliquo. Quod autem esse non sit diversum ab eo cuius est, patet dupliciter. Primo sic: quoniam si esse esset diversum ab eo cuius est, quaestio si est esset quaestio ponens in numerum, quia quaestio in qua quaeritur diversum de diverso est quaestio ponens in numerum; sed hoc est falsum, quia quaestio si est est quaestio simplex.

⟨2⟩

10.02 Praeterea, quod esse non sit diversum ab eo cuius est, patet, quoniam idem et diversum sunt differentiae entis; ergo si esse esset diversum ab eo cuius est esse, esset existens. Sed omne existens habet esse, ergo esse haberet esse; sed nihil habet se ipsum; ergo esse haberet aliud esse a seipso, et eadem ratione illud esse haberet esse, et adhuc illud aliud esse haberet esse, et sic in infinitum.

10.03 Istud potest confirmari sic: quodlibet quod nunc est et nunquam prius fuit, habet esse; sed esse hominis nunc primo existentis nunc est et nunquam prius fuit; ergo esse eius habet esse. Aut ergo eius esse est idem cum eo aut aliud. Si idem, non potest rationaliter de eo quaeri, quia idem non potest rationaliter quaeri de se ipso. Si sit aliud, cum illud aliud nunc primo habet esse, quaero: aut suum esse sit idem cum eo aut non. Si idem, non potest de eo quaeri, et eadem ratione fuit standum in primo. Si aliud, esset processus in infinitum.

⟨3⟩

10.04 Aliud principale: nihil quaeritur de alio nisi dubitabile; sed esse est

---

1 quaeratur] ⟨q⟩uaeratur G   4 ergo] *om.* G   5 autem] *iter. et exp.* G   6 patet] probatur G | esse...est] sic G   7-8 quia...numerum] *om.* G   9 quia] quoniam G   10 patet] probatio G   11 differentiae] differentia C   13 esse aliud *tr.* G   14-15 et²...esse] *om.* G   18 esse² eius *tr.* G   19 de eo rationaliter *tr.* G   20 quaeri] *om.* G   22 de] ex C   23 esset] erit G

2 Cf. Ps.-Scotus, *Super lib. Post.* II, q. 2, 324-26.

notissimum de re, ut patet per Avicennam primo suae *Metaphysicae* capitulo quinto, quoniam ens est notissimum, et ens et esse idem significant.

⟨4⟩

10.05 Praeterea, omne quaeribile est demonstrabile; ergo si esse esset quaeribile, esset demonstrabile, et per consequens esset demonstrabile per medium. Sed medium est prius notum quam conclusio; ergo de re esset prius notum quid ipsum est quam si ipsum est, quod falsum est, quia quaestio quid est praesupponit quaestionem si est.

⟨5⟩

10.06 Praeterea, de subiecto debet praesupponi ipsum esse; ergo illud non est dubitabile, et per consequens non est quaeribile.

10.07 Et si dicatur quod de subiecto debet praesupponi si est, et de passione debet quaeri si est, contra istud est Philosophus, ubi exemplificat de quaestionibus. Dicit enim quod quaestio si est est ut quando quaerimus an deus sit. Sed certum est cum quaerimus sic, an deus sit, non quaeritur quaestio de passione alicuius.

10.08 Praeterea, passionem esse est passionem subiecto inesse; ergo si quaestio si est quaereret de passione an ipsa sit, quaestio si est quaereret an passio inesset subiecto. Sed hoc idem quaerit quaestio quia est; ergo quaestio si est et quaestio quia est non differrent, quia utraque quaerit an passio insit subiecto.

⟨Ad oppositum⟩

10.09 Ad oppositum est Philosophus.

⟨Responsio⟩

Or2   10.10 Ad istas // quaestiones simul est dicendum uno modo quod utraque

---

25 ut] quod G | *Metaphysicae* suae *tr.* G   26 est] *om.* G   30 est falsum *tr.* G   36 ut] *om.* C   37 cum...sit²] quod cum sic quaeritur G   38 quaestio...alicuius] esse de alicuius passione G   40 quaereret¹] quaerit G | quaereret²] quaerit G   41 Sed] et G   42 quaestio¹] *iter.* C | differrent] differunt G

25 Avicenna, *Met.* 1.5, pp. 31-2, ll. 3-5.
35 *APo* II.1, 89b32; *AL* p. 69, ll. 12-13.
44 *APo* II.1, 89b24; *AL* p. 69, l. 4.

est quaestio pertinens ad demonstratorem. Istae tamen quaestiones non de subiecto sunt, sed de passione.

10.11 Ad cuius evidentiam dicitur quod subiectum scientiae se habet ad scientiam sicut obiectum potentiae se habet ad // potentiam; sed obiectum potentiae debet praesupponi tamquam notissimum; et ideo subiectum scientiae debet praesupponi tamquam notissimum in illa scientia; et ideo de subiecto debet praesupponi quid est et quia est.

10.12 Unde dicit Philosophus quod arithmeticus debet praesupponere quid est unitas et quid est numerus, et geometer debet praesupponere quid est magnitudo. Ideo, ut videtur, de subiecto non debet esse quaestio, nec quaestio quid est nec quaestio si est; sed utrumque debet praesupponi de subiecto.

10.13 Hoc confirmatur sic: principia ex quibus demonstrator procedit praesupponi debent tamquam notissima, unde demonstratio est ex prioribus et notioribus. Et ideo de principiis non debet esse quaestio, sed de eis debet praesupponi quia sunt. Cum ergo de subiecto non debeat fieri quaestio, sequitur quod de passione debent ista quaeri.

10.14 Sed passio potest dupliciter considerari: vel in se et absolute vel secundum quod inhaeret subiecto. Loquendo de passione primo modo, sic de passione quaeruntur istae duae quaestiones, si est et quid est; sed de passione prout inhaeret subiecto quaeruntur aliae duae quaestiones, scilicet quia est et propter quid est. Et sic omnis quaestio quaeritur de passione.

10.15 Secundum istam viam potest dici ad rationes.

⟨Ad rationes⟩
⟨Ad rationes Quaestionis IX⟩

⟨Ad 1⟩

10.16 Ad primam rationem, quod, quia quaestio quid est non habet fieri

---

46-47 sunt de subiecto *tr.* G   54 est²] *om.* G   55-56 nec...est²] si est nec quaestio quid est C   56 praesupponi] praecognosci G   58 sic] *om.* G   58-59 debent praesupponi *tr.* G   60 de²] d⟨e⟩ C   61 debeat] debet G   64 inhaeret] inhaerens G   66 inhaeret] inest C | duae] *om.* C   67 quid] *om.* G   68 dici] *om.* G   69 rationem] *om.* G

49 Cf. Aquinas, *ST* I, 1, 7 *resp.*
53 *APo.* I.10, 76a34-36, 76b3-5; *AL*, p. 23, ll. 8-11, 22-24.
64 Vide supra, 9.03.
69 Vide supra, 9.05.

⟨QUAESTIO X⟩

de subiecto, sed de passione, ideo quod quid est subiecti non potest demonstrari de subiecto, sed quod quid est passionis.

⟨Ad 2⟩

10.17 Ad aliam concedendo quod quaestio quid est quaerit medium, quod medium est definitio, sed illa definitio quae est medium non potest demonstrari; nec huius definitionis est quoddam medium, quia haec definitio est definitio subiecti.

⟨Ad 3⟩

10.18 Ad aliud, quod, etsi quid subiecti non sit dubitabile de subiecto, tamen quid passionis est dubitabile de subiecto; et ideo definitio passionis quaeritur de subiecto et non definitio subiecti.

10.19 Ad confirmationem, cum dicitur quod nihil quaeritur de se ipso, hoc est concedendum; et ideo quod quid est subiecti non quaeritur de subiecto, sed quod quid est passionis, et illud non est idem cum subiecto.

⟨Ad 4⟩

10.20 Ad aliud dicendum quod quaestio quid est est quaestio simplex, quia non obstante quod quaestio quid est et quaestio propter quid est idem quaerant, modus tamen quaerendi est alius, et alius modus quaerendi variat quaestionem.

10.21 Ad cuius evidentiam sciendum quod quaestio simplex dicitur quaestio non ponens in numerum, et quaestio composita quaestio ponens in numerum. Quaestio quid est et quaestio si est dicuntur quaestiones simplices et non ponentes in numerum, sed quaestio quia est et quaestio propter quid est dicuntur quaestiones compositae et ponentes in numerum. Et huius causa assignetur talis: dicitur enim quod omne quaeribile est scibile,

---

72 aliam] aliud dicitur G | quaestio] *om.* G | medium] *om.* G   73 illa] nec *corr.* G   74 nec] *corr.* G | quoddam medium] quaerendum C   76 aliud] dicitur *add.* G   79 cum] *inser.* G   82 quia] quoniam G   83 est²] idem cum *add. et* idem *exp.* G   84 quaerendi¹] *om.* C   87 quaestio²] non C   91 assignetur] ? C

72 Vide supra, 9.06.
76 Vide supra, 9.07.
79 Vide supra, 9.08.
82 Vide supra, 9.09.

et omne scibile est propositio, ideo non quaeritur nisi de complexo. Et ideo ad variationem complexionis, variatur forma quaestionis. Nunc autem secundum quod patet ex secundo *Perihermenias*, complexio habet duplicem formam, quia aut in propositione ponitur aliquid quod specificat actum verbi, et tunc dicitur hoc verbum 'est' praedicari tertium adiacens. Et quando talis propositio quaeritur, illa quaestio dicitur quaestio ponens in numerum, quia quaerit aliquid de aliquo: ut utrum aliquid sit album. Si autem in propositione non ponatur aliquid specificans // actum verbi, tunc dicitur hoc verbum 'est' praedicari secundum adiacens. Et quando talis propositio quaeritur, illa quaestio est simplex quaestio non ponens in numerum, quia non enuntiatur aliquod praedicatum distinctum a subiecto de subiecto per hoc verbum 'est'. Et ideo dicitur esse quaestio non ponens in numerum, quia ad numerum requiruntur duo ad minus, et in tali quaestione non sunt talia duo. Et ideo, etsi quaestio quid est et quaestio propter quid est idem quaerant, tamen, quia in quaestione quid est nihil specificat hoc verbum 'est', sed in quaestione propter quid aliquid specificat verbum: ut si dicatur propter quid homo est risibilis, ideo quaestio quid est est quaestio simplex, sed quaestio propter quid est est quaestio composita.

10.22 Aliter dicunt aliqui quod quaestio simplex et composita per hoc differunt quod in quaestione simplici quaeritur de subiecto aliquid essentiale subiecto, et quia quod est de essentia alicuius non proprie ponit in numerum cum eo, ideo talis quaestio dicitur quaestio non ponens in numerum. Sed quaestio composita dicitur quando de subiecto quaeritur aliquid quod accidit subiecto. Et talis quaestio dicitur quaestio ponens in numerum, quia quod non est de essentia alicuius proprie ponit in numerum cum eo. Sed prior modus dicendi est melior, quia aliter haec quaestio esset simplex 'utrum homo est animal rationale', et tamen haec quaestio est quaestio quia.

---

92 Et²] *om.* G   96 praedicari] praedicare G   100 praedicari] praedicare G
101 quaestio] *om.* C   103 esse] *om.* G   105 quaestio²] *om.* G   106 est] *inser.* G
110-111 differunt] ? C   112 subiecto] subiecti G | quia] *exp., et* sed *inser.* G
115 quaestio] *om.* C   116 quod] *corr.* C   117 quaestio] quia ? *add.* G   118 quaestio¹] *om.* C

94 *Int.* 10, 19b14-22; *AL*, pp. 18-19, ll. 14-2. Cf. Aquinas, *Exp. lib. Post.* II, lect. 1, pp. 174-175, ll. 53-87.
110 Non invenitur.

⟨Ad 5⟩

10.23 Ad aliud, quod istae quaestiones quale est et quantum est reducuntur ad quaestionem quia est. Vel aliter, quod istae quaestiones non pertinent ad demonstratorem, nec est eadem ratione de istis et de aliis.

⟨Ad rationes Quaestionis X⟩

⟨Ad 1⟩

10.24 Ad primam rationem alterius quaestionis, quod quaestio si est non est quaestio composita, etsi esse foret de essentia rei. Quia non accipitur haec distinctio quaestionum per simplex et compositum ex hoc quod quaeritur aliquid essentiale vel accidentale, sed ex hoc quod hoc verbum 'est' in quaestione praedicet⟨ur⟩ secundum adiacens vel tertium.

⟨Ad 2⟩

10.25 Ad aliud, cum dicitur quod omne ens habet esse, et sic esse haberet esse in infinitum, suscipiendo quod aliquo modo habendi aliquid habet se ipsum, sic est concedendum quod esse habet esse, sed non aliud esse a seipso, sed ipsumet. Nec est inconveniens idem habere se. Nihil enim videtur esse ita proprium alicui sicut ipsumet, et ideo proprissime videtur idem habere se. Suscipiendo tamen quod nihil habet se ipsum, tunc esset haec neganda 'omne ens habet esse;' et haec similiter 'omne quod de novo est, de novo capit esse'. Et si concedatur quod aliquid habet se modo praedicto, sic oportet dicere quod esse Socratis est suum esse, et sic quod in aliquo citra primum esse nullo modo differat // ab eo cuius est. Ideo istud relinquatur sub dubio.

⟨Ad 3⟩

10.26 Ad aliud, quod esse non est notissimum de re, nec etiam 'ens' derivatum ab 'esse', quia illud ens est ens participium; sed illud quod est notissimum est ens nomen.

120 aliud] principale dicitur] *add.* G | et] *om.* C   121-122 pertinent] sunt pertinentes G   123 quaestionis] dicitur *add.* G   127 praedicet⟨ur⟩] praedicat G   130 esse³] *om.* C   134 omne ens] esse G   135 esse. Et] *illeg.* G | concedatur] conceditur G   136 Socratis] *illeg.* G   139 principale dicitur] *add.* G

120 Vide supra, 9.10.
123 Vide supra, 10.01.
128 Vide supra, 10.02-10.03.
139 Vide supra, 10.04.

⟨Ad 4⟩

10.27 Ad aliud, quod esse est dubitabile et etiam quaeribile, sed propter hoc non oportet quod esse demonstretur de aliquo. Nam alio modo potest certificari quam per demonstrationem, ut // per viam divisivam vel aliquo alio modo.

10.28 Vel aliter, quod quia esse passionis est illud esse quod quaeritur, et medium est notius conclusione, ideo quid subiecti est notius quam esse passionis; tamen quid est praesupponit si est respectu eiusdem; tamen de uno potest cognosci quid est, ut de subiecto, antequam de alio cognoscatur si est, ut de passione.

⟨Ad 5⟩

10.29 Ad aliud patet per dicta in positione.

⟨Ad Quaestiones IX et X⟩

10.30 Aliter potest dici ad istas quaestiones quod quaestio si est et quaestio propter quid est pertinent ad demonstratorem, et quod istae quaestiones quaerunt de subiecto. Si enim quaestio si est esset quaestio de passione, quaestio si est quaereret an passio inesset subiecto. Et sic quaestio si est et quaestio quia est non differrent.

10.31 Similiter, non est idem passionem esse et passionem inesse subiecto, quia sic sequeretur 'homo est risibilis, ergo risibile est', quod falsum est. Quia, etsi nullus homo esset, adhuc esset haec vera 'homo est risibilis', quia praemissae in demonstratione quae semper antecedunt ad hanc adhuc essent verae, etsi nullus homo sit. Vel accipiatur aliqua species quae potest non esse: passio sua semper sibi inest, et tamen illa passio non semper est; et ideo non est idem passionem esse et passionem inesse subiecto. Sed si quaestio si est esset de passione, idem esset passionem esse et passionem inesse subiecto.

---

143 esse] *om.* G | demonstretur] demonstratur G   146 illud] *om.* C   156 differrent] differunt G   158 sequeretur] sequitur G   159 Quia] *om.* C | homo esset] habet esse G | esset haec] ista esset G   160-161 adhuc essent] sunt G   161 etsi nullus homo sit] *om.* C   163 ideo] tunc G   164 si quaestio] *om.* G

142 Vide supra, 10.05.
151 aliud] vide supra, 10.06-10.08.
151 positione] vide supra, 10.10-10.14.

⟨QUAESTIO X⟩

10.32 Quod autem istae quaestiones sint de subiecto patet, quoniam omne dubitabile quod sciri potest est quaeribile; sed de subiecto demonstrationis est dubium quid ipsum est, et similiter, si est. Quidditas enim rei est multum difficilis ad cognoscendum, ut patet ex septimo *Metaphysicae*, et possibile est scire de subiecto quid ipsum est, et similiter ipsum esse; ideo de subiecto debet quaeri utraque quaestio.

⟨Ad 1, Quaestio IX⟩

10.33 Ad primam rationem primae quaestionis dicendum quod non omnis quaestio pertinens ad demonstratorem potest terminari per demonstrationem, sed quaestio quid est debet terminari per viam divisivam vel aliquo alio modo: ut si quaeratur quid est homo et dicatur quod homo est animal rationale. Hoc debet sic ostendi per viam divisivam: homo est animal rationale vel irrationale; sed non est animal irrationale; ergo est animal rationale.

⟨Ad 2, Quaestio IX⟩

10.34 Ad aliud dicitur concedendo quod omnis quaestio sit quaestio medii. Non tamen omnis quaestio quaerit medium ad terminandum illam quaestionem, sed una quaestio quaerit medium ad terminandum aliam quaestionem: ut quaestio propter quid quaerit medium ad terminandum quaestionem quia. Unde breviter, quaestio quid est est quaestio medii, non quia quaerit medium ad terminandum quaestionem quid est, sed quia quaerit medium ad terminandum quaestionem quia est. Nam quaestio quid est et quaestio propter quid est idem quaerunt.

⟨Ad 3, Quaestio IX⟩

10.35 Ad aliud, dicendum quod quid rei, ut definitio alicuius, aliquando est ignota de re: non enim est cuilibet notum quod homo est animal rationale, quia non puero nec laico. Et cum dicitur quod idem non quaeritur

---

166 sint] sunt G   167 est] esse G   169 difficilis] difficile G   175 quaeratur] quaeritur G   177 est animal¹] *om.* G | est animal²] *om.* G   179 dicitur] *om.* C | sit] est G   185 est et] *om.* C   186 est] *om.* C   187 dicendum] *om.* C   189 non¹] nec G | Et cum] *inser.* G

169 *Metaph.* VII.17, 1041a32-b2.
172 Vide supra, 9.05.
179 Vide supra, 9.06.
187 Vide supra, 9.07-9.08.

de se ipso, dicendum quod idem uno modo potest quaeri de se ipso alio modo. Unde, etsi definitio et nomen definiti significent idem, hoc tamen est alio modo et alio, ut patebit in quaestione sequente. Et ideo potest unum quaeri de alio. Haec enim quaestio est rationalis 'utrum homo est animal rationale', sed non haec 'utrum homo sit homo.' //

⟨Ad alias rationes utriusque quaestionum⟩

C 131r1   10.36 Ad alias rationes istius quaestionis et alterius dicendum est sicut prius dictum est.

---

190 de se ipso potest quaeri *tr.* G   192 et alio] *om.* C   192-3 unum potest *tr.* G   196 dictum est] *om.* C

192 Vide infra, 11.50-11.53.
196 Vide supra, 10.30-10.31.

⟨XI⟩

⟨Q⟩uaeratur utrum ad concludendum passionem de subiecto sit definitio subiecti medium vel definitio passionis.

⟨1⟩

11.01 Quod non definitio subiecti videtur, quia si sic, aut esset una definitio data ab una causa tantum aut a pluribus causis. Non est definitio data ab una causa tantum, quia talis definitio est incompleta. Dicit enim Commentator, primo *De anima* commento sexto decimo: qui accipit materiam in definitione et dimittit formam, diminute accipit; et qui accipit formam et dimittit materiam, aestimatur quod dimittit aliquid non necessarium, sed non est ita. Definitio ergo data per materiam tantum et illa quae datur per formam tantum est incompleta, et per consequens non est medium. Nec definitio data per omnes causas est medium, quoniam in tali definitione est nugatio, quia illa definitio est composita ex multis definitionibus quarum quaelibet importat totum definitum. In tali ergo definitione est eadem natura bis replicata.

⟨2⟩

11.02 Praeterea, definitio subiecti non est causa passionis, sed medium in demonstratione debet esse causa. Probatio assumpti: quoniam definitio et nomen definiti significant eandem rem praecise. Et per consequens, si illud quod significatur per definitionem esset causa passionis, illud quod significatur per definitum similiter esset causa passionis. Et ita conclusio demonstrationis esset immediata.

11.03 Istud confirmatur sic: 'homo' et 'animal rationale' totaliter significant idem; ergo istae propositiones 'omnis homo est risibilis' et 'omne animal rationale est risibile' totaliter significant idem, quia propositiones non significant nisi quia termini significant. Et per consequens, si haec sit immediata 'omne animal rationale est risibile', alia erit. Sed consequens est falsum, ergo antecedens. Propositio ergo in qua passio praedicatur de definitione

---

3 una] *om.* G   8 dimittit[1]] formam *add. et exp.* C   9 ita] illa G   17-18 si illud quod] scire quid G   18 illud] et *add.* G   19 similiter] *om.* G | ita] illa G   19-20 demonstrationis] *om.* G

2 Cf. Ps.-Scotus, *Super lib. Post.* II, q. 9, pp. 337-341.
6 Averroes, *De anima* I, t.c. 16, pp. 23-24, ll. 39-42.
15-16 *APo* II.2, 90a6-7; *AL*, p. 70, l. 9.
20 esset] G ends here.

subiecti non est immediata, et per consequens definitio subiecti non est medium.

11.04 Si dicatur quod definitio et nomen definiti non significant idem totaliter, sed aliquis modus est intra significatum definitionis qui non est intra definitum, contra: totum quod est intrinsecum essentiae ipsius definiti significatur per definitionem vel ad minus includitur in significato definitionis. Si ergo definitio adhuc significet plus, id quod significatur per definitionem addet aliquid supra definitum, et sic esset inferius ad definitum.

11.05 Hoc arguitur sic: sit illud A quod est intra significatum definitionis quod non est intra essentiam definiti. Definitio actualiter ponit A, sed definitum ⟨non⟩; aliquid ergo ponitur actualiter per definitionem quod non per definitum; ergo definitio est inferior.

11.06 Praeterea, eadem ratione aliquis modus esset intra significatum nominis definiti qui non est intra significatum definitionis, et per consequens definitio non exprimeret totum quod significatur per nomen definiti. Similiter, accipiatur ille modus qui est intra significatum nominis definiti. Et quaero de residuo: adhuc residuum ab illo modo habet genus et differentiam, et per consequens est species complete. // Et per consequens nullus talis modus est intra essentiam definiti qui non includitur in significato definitionis.

C 131r2

11.07 Ideo dicitur aliter concedendo quod definitio et nomen definiti praecise significant idem. Hoc tamen est alio modo et alio, et aliquid uno modo potest esse notius se ipso alio modo. Et sic definitio subiecti potest esse medium in demonstratione non obstante quod significet idem quod nomen definiti.

11.08 Contra: si istud esset verum, idem definiret se ipsum, quoniam res significata per 'animal rationale' est definitio hominis, quia definitio est notior definito, non ratione vocis, quia possibile est quod vox illa sit ignotior quam nomen definiti. Ideo res significata per 'animal rationale' est definitio hominis, et illa res est species; species ergo est definitio speciei.

11.09 Hoc potest sic argui: tantum definitio hominis significatur per 'animal rationale'; et haec species 'homo' significatur per 'animal rationale'; ergo haec species 'homo' est definitio hominis. Et si hoc concedatur, sequitur ulterius quod quaelibet definitio posset definiri, quoniam quaelibet species potest definiri.

35 sit] *corr.* C   39 intra] infra C   40 intra] infra C   45 intra] infra C
56 definitio] *corr.* C

⟨QUAESTIO XI⟩

11.10 Praeterea, eandem rem significarent istae propositiones 'omne animal rationale est risibile' et 'omnis homo est risibilis'; sed res significata per unam est notior quam res significata per aliam; ergo idem esset notius se ipso. Nec valet ista responsio, quae dicit quod idem uno modo est notior se ipso alio modo, quia hoc sub isto modo est hoc, et hoc sub alio modo est hoc. Ergo si hoc sub isto modo sit notius quam hoc sub alio modo, sequitur quod hoc sit notius quam hoc.

11.11 Similiter, sequitur quod res significata per conclusionem sit notior quam res significata per praemissam. Quia ex quo eadem res significatur per conclusionem et per maiorem, si res significata per maiorem sub aliquo modo sit notior quam res significata per conclusionem, sequitur quod res significata per conclusionem sub aliquo modo sit notior quam res significata per maiorem.

11.12 Praeterea, una res potest habere plures definitiones. Si ergo definitio significet idem quod nomen definiti, omnes definitiones eiusdem rei significarent idem. Et sic non essent diversae definitiones nisi secundum vocem; et sic naturalis et metaphysicus non considerarent eandem rem diversimode.

⟨3⟩

11.13 Aliud principale: medium demonstrationis est causa passionis, sed aliqua est passio quae non habet causam in subiecto, sicut patet de eclipsi lunae. Si enim in luna esset causa sui defectus, luna semper deficeret. Definitio ergo subiecti non est causa talis passionis, et per consequens non est medium in demonstratione.

11.14 Huic dicitur quod duplex est passio: quaedem quae egreditur ex principiis intrinsecis subiecti, sicut risibile a propriis principiis hominis; alia est passio quae solum est ab extrinseco, sicut patet de eclipsi lunae, quae solum est ex interpositione terrae inter solem et lunam. Passio primo modo dicta concluditur per definitionem subiecti, sed passio secundo modo dicta concluditur per definitionem // passionis.

11.15 Contra: probo quod passio secundo modo dicta non concludatur per definitionem passionis, quoniam definitio illius passionis est accidens proprium et non accidens commune, et non egreditur a propriis principiis subiecti, sicut nec ipsa passio. Illa definitio potest concludi de subiecto ex quo est accidens proprium subiecti: aut ergo per definitionem subiecti aut per suam definitionem. Si detur primum, habetur propositum, scilicet quod accidens quod non egreditur ex propriis principiis subiecti debeat concludi de subiecto per definitionem subiecti. Si detur secundum, tunc definitio passionis habet definitionem, et eodem modo est arguendum de illa definitione, et sic in infinitum.

11.16 Praeterea, talis demonstratio in qua aliquid concluditur per definitionem passionis non potest esse ex immediatis, quoniam illa propositio non est immediata in qua definitio passionis praedicatur de subiecto.

⟨4⟩

11.17 Aliud principale: per Philosophum, medium in demonstratione est ratio primi termini; primus terminus est maior extremitas; definitio ergo maioris extremitatis est medium in demonstratione. Maior extremitas est passio; ergo definitio passionis debet esse medium.

⟨5⟩

11.18 Praeterea, si definitio subiecti esset medium in omni demonstratione, esset petitio principii, quia, per Philosophum octavo *Topicorum*, unus modus petendi principium est quando arguitur a definitione ad definitum. Si ergo arguatur quod quia passio inest definitioni subiecti, quod ideo inest subiecto, petitio principii erit.

⟨6⟩

11.19 Praeterea, maior propositio non est notior quam conclusio, quia vel maior non esset per se vera vel esset per se solum secundo modo dicendi per se. Et illo modo est conclusio per se, quoniam certum est quod ista 'omne animal rationale est risibile' non est per se primo modo.

11.20 Si dicatur quod maior propositio est per se quarto modo, quia in subiecto est causa efficiens praedicati, contra: eodem modo est conclusio per se, quia subiectum respectu suae passionis habet rationem causae efficientis.

⟨7⟩

11.21 Praeterea, medium in demonstratione debet esse magis notum quam passio demonstranda de subiecto. Sed definitio subiecti, ut definitio hominis, est minus nota quam passio hominis, quia quidditas substantiae est

---

104 *APo* II.2, 90a14-23; *AL*, pp. 70-71, ll. 16-2.
109 *Top.* VIII.13, 163a8-10.
119-120 Vide supra, 5.32-5.33.
121-122 Cf. *APo* I.2, 71b19-22; *AL*, p. 7, ll. 16-18.

nobis multum ignota et non innotescit nobis nisi per accidentia. Sed passio
hominis est accidens; ergo est notior quam definitio hominis. 125

⟨8⟩

11.22 Praeterea, medium in demonstratione debet esse unigenium cum
passione demonstranda, quia, secundum quod dicit Aristoteles primo
huius, medium et extrema sunt eiusdem generis. Sed definitio subiecti et
passio non sunt eiusdem generis; ergo definitio subiecti non est medium.

⟨9⟩

11.23 Praeterea, medium in demonstratione debet esse medium in natura 130
ita quod sit prius passione et posterius subiecto; sed quod quid est subiecti
non est huiusmodi, quia quod quid est subiecti est prius subiecto.

⟨Ad oppositum⟩

⟨1⟩

11.24 Ad oppositum: medium in demonstratione debet esse causa passionis; sed definitio passionis non est causa passionis, sed magis definitio subiecti. Probatio: quoniam sic dicto 'homo est risibilis', hic est secundus 135
modus dicendi per se, ergo in subiecto est causa praedicati. Sed in subiecto
non includitur definitio passionis; ergo definitio passionis non est causa
huius praedicati.

⟨2⟩

11.25 Praeterea, omnis syllogismus qui est ex primis et veris et caetera, est
demonstratio; sed syllogismus in quo definitio subiecti est medium est ex 140
primis et veris et caetera; ergo definitio ⟨subiecti⟩ est medium in demonstratione.

11.26 Assumptum patet sic arguendo 'omne animal rationale est risibile;
omnis homo est animal rationale; ergo et caetera'.

⟨3⟩

11.27 Praeterea, si definitio passionis esset medium, demonstratio non esset 145
1v2 ex immediatis, quia in minore praedicaretur definitio passionis // de subiec-

---

127 *APo* I.7, 75b10-11; *AL*, p. 20, l. 708; *AL*, p. 7, ll. 16-18.
133-134 *APo* II.2, 90a6-7; *AL*, p. 70, l. 9.
145-146 *Apo* I.2, 71b19-22; *AL*, p. 7, ll. 16-18.

to, et talis propositio non est immediata. Probatio: nam talis propositio non est per se primo modo dicendi per se, sed solum secundo modo.

11.28 Assumptum patet, quia quando praedicatur definitio passionis de subiecto, non praedicatur definitio de definito, nec etiam praedicatur pars definitionis de definito; et per consequens non est primus ⟨modus⟩ dicendi per se. Sed omnis propositio per se secundo modo est mediata, quod probatur sic: quia ubi est secundus modus, in subiecto est causa concludendi passionem de subiecto, et per consequens subiectum non est immediata causa praedicati.

⟨4⟩

11.29 Praeterea, talis minor non est per se nisi secundo modo, et eodem modo est conclusio per se; et sic minor non esset magis per se quam conclusio; et sic demonstratio non esset ex prioribus.

⟨5⟩

11.30 Praeterea, per Philosophum septimo *Metaphysicae*, substantia praecedit accidens cognitione. Sed definitio subiecti, ut definitio hominis, est substantia, et definitio passionis est accidens; ergo definitio subiecti debet esse medium, quia medium debet esse id quod est magis notum.

⟨6⟩

11.31 Praeterea, si definitio passionis esset medium inter minorem et conclusionem, esset petitio principii, quia argueretur a definitione ad definitum.

⟨7⟩

11.32 Praeterea, per Philosophum primo huius, per definitionem formalem potest concludi definitio materialis; et sic per unam definitionem subiecti potest concludi alia.

⟨Responsio⟩

11.33 Ad istam quaestionem dicunt aliqui quod definitio passionis est me-

158 *APo* I.2, 71b19-22; *AL*, p. 7, ll. 16-18.
159 *Metaph.* VII.1, 1028a31-33.
164-165 Vide supra, 11.18.
166 *APo* I.2, 71b16-22; *AL*, p. 7, ll. 12-18. Vide supra, 2.09.
169 Vide infra, 11.36.

dium in demonstratione. Istud probant per auctoritatem et rationes: per auctoritatem Philosophi secundo huius, qui dicit quod ratio primi termini est medium; sed primus terminus est maior extremitas, et maior extremitas est passio; definito ergo passionis est medium. De passione tamen distinguunt dicentes quod duplices sunt passiones: quaedam est passio quae per se inest subiecto ita quod propositio in qua talis passio praedicatur de subiecto est per se nota, notis terminis; et talis propositio dicit⟨ur⟩ communis conceptio, ut 'omne totum est magis sua parte'. Talis propositio non ingreditur demonstrationem nisi in virtute, quoniam talis propositio est communis multis scientiis et demonstratio debet esse ex propriis.

11.34 Alia est passio quae per se inest, sed tamen suum subiectum est determinati generis; et talis complexio in qua praedicatur talis passio est de se nota in genere determinato. Et talis propositio potest esse principium in scientia illa, et sic 'lineas aequidistantes non concurrere', et similiter, 'a puncto ad punctum rectam lineam ducere' sunt principia in geometria. Istae enim propositiones sunt per se notae in geometria, et geometer istas non probat, sed petit; et ideo huiusmodi propositiones dicuntur petitiones.

11.35 Alia est passio cuius inhaerentia ad subiectum non est per se nota, et sic 'habere tres angulos' ⟨etc.⟩ est passio trianguli, et 'risibile' hominis; et talis passio potest demonstrari de subiecto per passionem secundo modo dictam tamquam per medium. Adhuc propositio in qua enuntiatur passio secundo modo dicta de subiecto dependet in sui veritate a propositione in qua enuntiatur passio primo modo dicta de subiecto; et ideo ordo qui est inter passiones facit quod una passio potest concludi per aliam.

11.36 Ad istud adducitur ratio ducens ad impossibile. Si enim definitio subiecti sit medium, cum definitio subiecti sit quidditas substantiae, et illa est magis ignota quam passio quae est accidens, medium in demonstratione esset ignotius quam maior extremitas; et sicut per magnam difficultatem cognoscimus quidditatem substantiae, sic per magnam // difficultatem deveniremus in cognitionem conclusionis, quod falsum est. Haec est opinio Aegidii.

---

171 qui] quid C   176 communis] non *add. et exp.* C

171 *APo* II.2, 90a14-23; *AL*, pp. 70-71, ll. 16-2.
177-179 *APo* I.2, 72a5-6; I.7, 75a38-39; *AL*, p. 8, ll. 11-12 and p. 19, ll. 19-20 [non *metabasis*].
186 *APo*, I.2, 72a18-20; *AL*, p. 9, ll. 3-4.
200 Aegidius, *In lib. Post.* II, ff. 168rb-170ra.

11.37 Contra istam positionem est prius argutum. Quaelibet enim definitio passionis habet causam in subiecto, et ita nulla propositio est immediata in qua definitio passionis praedicatur de subiecto. Et confirmatur, quia quaelibet talis propositio est per se secundo modo dicendi per se. Ergo, si definitio passionis esset medium, demonstratio non foret ex immediatis.

11.38 Praeterea, illud non est medium in demonstratione potissima de quo contingit quaerere propter quid, facta demonstratione, quia tale est demonstrabile. Sed de tali medio contingit quaerere propter quid, facta demonstratione, ut contingit quaerere propter quid homo est risibilis, et per causam existentem in subiecto contingit respondere.

11.39 Ideo dicendum est ad quaestionem quod demonstratio est duplex: quaedam est demonstratio propter quid, et quaedam quia. In demonstratione propter quid, quae dicitur demonstratio potissima, definitio subiecti est medium et non definitio passionis, quia in tali demonstratione illud est medium quod causam aliam non habet in subiecto et quod est causa omnium passionum quae de subiecto possunt demonstrari. Sed tale est definitio subiecti et non definitio passionis, nam, per Philosophum hic et etiam septimo *Metaphysicae*, illud habet rationem medii de quo non quaeritur propter quid, et ad quod reducuntur omnia alia. Sed huiusmodi est definitio subiecti, quoniam non est quaerere propter quid homo est animal rationale. Hoc est quod solebat dici, quod illud est medium in demonstratione, quo habito, non contingit ulterius quaerere; sed tale est definitio subiecti.

11.40 Hoc etiam patet per Philosophum quarto *Physicorum*. Dicit quod talis debet quaeri definitio de loco ex qua appareat quid sit locus et causa controversiae de loco; et illa est causa omnium aliarum proprietatum et passionum. Unde vult Philosophus quod vera definitio debet esse talis ex qua debeant omnia ista apparere de definito, et talem definitionem vocat pulcherrimam. Vera ergo definitio subiecti est causa omnium passionum quae demonstrari possunt de subiecto. Definitio ergo subiecti est medium in demonstratione, quia medium et causa sunt idem.

11.41 Hoc etiam patet ratione. Demonstratio potissima debet esse ex indemonstrabilibus. Sed quaelibet propositio in qua definitio passionis praedi-

---

201 Vide supra, 11.27-11.32.
211-212 *APo* I.13, 78a22; *AL*, p. 29, ll. 19.
217 Ibid. II.2, 90a31-34.
218 *Metaph.* VII.17, 1041a6-32.
223 *Ph.* IV.4, 211a7-11.
230 *APo* II.2, 90a6-7.
231-232 Ibid. I.2, 71b19-22.

catur de subiecto est demonstrabilis, quia de subiecto contingit quaerere quare talis definitio sibi inest, sed de propositione indemonstrabili non contingit quaerere quare est vera.

11.42 Hoc confirmatur, quoniam quaelibet definitio passionis est proprium accidens alicuius subiecti, sicut et ipsa passio. Sed omne accidens proprium causatur ex propriis principiis subiecti: per hoc enim differt accidens proprium ab accidente communi. Quodlibet ergo accidens proprium habet causam in subiecto per quam potest demonstrari de subiecto. Et sic quaelibet propositio in qua definitio passionis praedicatur de subiecto est demonstrabilis, et sic nulla talis est immediata. Et sic patet primum quod in demonstratione propter quid definitio passionis non est medium.

11.43 In demonstratione tamen quia, quae non est ex immediatis, bene potest definitio passionis esse medium vel una passio potest esse medium ad concludendum aliam passionem de subiecto, ut illa // passio quae primo demonstratur de subiecto per definitionem subiecti potest accipi ut medium ad demonstrandum passiones consequentes: ut si ponatur quod superficies sit passio prima demonstrabilis de corpore, et quod color non inest corpori nisi mediante superficie, et sic quod color sit passio sequens, tunc per superficiem potest color de corpore demonstrari. Sed talis demonstratio non est demonstratio potissima, quia non est ex immediatis.

11.44 Contra istud ultimum arguitur: videtur quod illa demonstratio sit ex immediatis in qua concluditur passio sequens per passionem primam, quia prima passio subiecti inest subiecto immediate, ut superficies corpori; ergo propositio in qua talis passio praedicatur de subiecto debet esse immediata.

11.45 Ad istud dicendum quod aliquid inesse alicui immediate est dupliciter, vel immediatione causae vel immediatione subiecti. Illud inest subiecto immediate immediatione causae quod non habet aliam causam qua illud inest subiecto. Et isto modo nullum accidens inest subiecto immediate, sed illud inest subiecto immediate immediatione subiecti, quod non inest subiecto mediante alio subiecto. Et sic superficies inest corpori, sed non color, sed color inest corpori mediante superficie tamquam mediante primo susceptione. Unde aliqua passio potest inesse subiecto immediate immediatione subiecti, sed non immediatione causae. Nec sequitur 'passio inest subiecto immediate immediatione subiecti; ergo propositio est immediata in qua passio praedicatur de subiecto.'

---

244 demonstratione] definitione C   261 non] ? C
242-243 Cf. Aquinas, *Exp. lib. Post.* II, lect. 1, p. 177, ll. 250-290.

⟨Ad 1⟩

11.46 Ad primum principale dicendum quod in demonstratione potissima completa definitio subiecti debet esse medium, quae scilicet definitio accipitur a causa materiali et a causa formali, et etiam definitio accepta a causa formali potest esse medium in tali demonstratione. Et cum dicitur quod in definitione accepta ab omnibus causis est nugatio, dicendum quod non. Nec est illa definitio composita ex duabus definitionibus, sed illa definitio est accepta a duabus causis, sicut definitio materialis accipitur a causa materiali et definitio formalis a causa formali.

11.47 Bene dices: definitio accepta ab una causa importat totam essentiam definiti. Si ergo plus ponatur in definitione, illud erit superfluum. Sed in definitione accepta ab utraque causa ponitur una definitio quae accipitur ab una causa tantum, et etiam aliquid aliud. Illud ergo aliud superfluit, verbi gratia, si dicatur sic: domus est compositum ex lignis et lapidibus ut tegat nos a tempestatibus.

11.48 Dicendum quod, etsi in definitione composita ponatur una definitio accepta ab una causa tantum, et etiam aliquid plus, tamen illud plus non superfluit, quia definitio accepta ab una causa tantum non importat expresse totam essentiam definiti. Et ideo illud plus, quod ponitur, additur ut definitio composita, quae est definitio completa, expresse et distincte importet totam // essentiam definiti; et ideo illud plus non superfluit.

⟨Ad 2⟩

11.49 Ad aliud principale dicendum quod definitio subiecti est medium in demonstratione potissima, sed intelligendum quod sicut distinguitur de propositione, quod quaedam est propositio in mente et quaedam in prolatione, sic est distinguendum de demonstratione. Et sicut quaedam propositio est significans aliam propositionem, sicut propositio prolata significat propositionem in mente, et quaedam est propositio quae est sic significata quod ulterius non significat aliam propositionem, quia sic esset processus in infinitum; sic est quaedam demonstratio significans aliam demonstrationem, ut demonstratio prolata demonstrationem in mente, et quaedam est demonstratio quae non ulterius significat.

---

272 esse] est C

269 Vide supra, 11.01.
289 Vide supra, 11.01.
298 Vide supra, 2.49-2.51.

⟨QUAESTIO XI⟩

11.50 Ulterius sciendum quod ex quo eandem rem totaliter significant definitio et nomen definiti, in demonstratione quae non est signum alterius demonstrationis, maior non est notior quam conclusio. Unde res significata per hanc propositionem 'omne animal rationale est risibile' non est notior quam res significata per istam 'omnis homo est risibilis', etsi res significata per unum sit verum immediatum et res significata per relictum erit verum mediatum. Unde quod communiter dicitur, quod in demonstratione potissima praemissae sunt notiores conclusione, hoc est intelligendum de demonstrationibus quae sunt signa aliarum demonstrationum. Sive demonstrationes quae sunt signa, quaedam componantur ex vocibus et quaedam ex conceptibus, sive non, de hoc non est cura quantum ad propositum.

11.51 Unde per istam viam potest sustineri quod idem nunquam est notius se ipso, quia in demonstratione quae est signum non est idem cui attribuitur passio in maiore et cui attribuitur passio in conclusione; sed illa quibus attribuitur passio in conclusione et in maiore sunt signa eiusdem rei praecise.

11.52 Et cum dicitur quod medium est causa passionis sive causa quare passio inest subiecto, dicendum quod in demonstratione quae signum est medium est causa cognitionis respectu conclusionis, quoniam per medium in tali demonstratione importatur natura speciei expresse, quia tale medium componitur ex pluribus vocibus vel ex pluribus conceptibus, qui conceptus vel voces significant expresse principia rei definitae. Sed nomen definiti, quod est subiectum conclusionis, non significat definitum nisi implicite, nec per tale nomen importantur expresse principia definiti; et ideo medium in tali demonstratione notiori modo significat definitum quam subiectum conclusionis. Et sic medium est causa notitiae conclusionis. Unde tota notioritas est ex parte signorum et non ex parte rei significatae; unde praemissae dicuntur notiores conclusione, quia notiori modo significant quam conclusio. Et quia alia signa sunt medium et subiectum conclusionis, ideo non sequitur quod idem sit notius se ipso; hoc tamen sequeretur si res significata per medium esset notior quam res significata per subiectum conclusionis. Et sic est ulterius ponendum quod in demonstratione potissima, quae est signum, praemissae sunt immediatae et conclusio mediata, // non obstante quod eadem res totaliter significetur per maiorem et per conclusionem.

11.53 Et si dicatur quod istae voces 'animal rationale' non sunt notiores quam haec vox 'homo', et sic notioritas non debet attendi penes voces

---

305 mediatum] immediatum C

significantes vel penes alia signa, dicendum quod si 'animal' imponatur ad significandum genus hominis et 'rationale' ad significandum eius differentiam, tunc haec oratio 'animal rationale' simpliciter notior est quam haec vox 'homo'. Quia haec oratio de se est nota significare speciem hominis notiori modo quam haec vox 'homo', quia haec oratio expresse significat principia hominis, sed haec vox 'homo' non. Unde, etsi aliquis posset scire quod haec vox 'homo' significat talem speciem et ignorare quod 'animal rationale' significat eandem, ex hoc non potest concludi quin 'animal rationale' notiori modo significat hanc speciem quam 'homo'.

11.54 Rationes factae contra aliam responsionem non sunt contra hanc viam.

⟨Ad 3⟩

11.55 Ad aliud principale, quod passio quae non egreditur a propriis principiis subiecti, sicut se habet eclipsis respectu lunae, non debet concludi de subiecto per definitionem subiecti; nec demonstratio in qua talis passio concluditur de subiecto est demonstratio potissima. Et concessum est in positione quod in aliqua demonstratione, ut in demonstratione quia, potest passio concludi de subiecto, etsi non per definitionem subiecti.

⟨Ad 4⟩

11.56 Ad aliud principale cum dicitur per Philosophum: ratio primi termini debet esse medium, dicendum quod hoc est verum in demonstratione quia, in qua causa probatur per effectum, et non in demonstratione quae est ex immediatis.

⟨Ad 5⟩

11.57 Ad aliud principale, quod, etsi definitio subiecti sit medium, non tamen est petitio principii in demonstratione; nec est semper petitio principii quando arguitur a definitione ad definitum, sed solum quando praedicatum notiori modo inest definito quam definitioni.

---

350 est²] *corr.* C   354 dicendum] *iter.* C

345-346 Vide supra, 11.02-11.12.
347 Vide supra, 11.13-11.16.
350-351 Vide supra, 11.43.
353 Vide supra, 11.17; *APo* II.2, 90a14-23; *AL*, pp. 70-71, ll. 16-2.
357 Vide supra, 11.18.

⟨QUAESTIO XI⟩

11.58 Et si arguatur 'a definitione ad definitum est petitio principii;', sed sic non est in demonstratione potissima, quia passio notius inest definitioni quam definito.

⟨Ad 6⟩

11.59 Ad aliud principale, quod maior est notior quam conclusio, non obstante quod utraque, tam maior quam conclusio, sit solum per se secundo modo dicendi per se. Nam sicut in primo modo dicendi per se aliqua propositio quae est per se primo modo est notior quam alia, ut illa propositio in qua praedicatur definitio de definito est notior quam illa in qua praedicatur pars definitionis de definito; sic est in secundo modo dicendi per se, quod in propositionibus quae sunt per se secundo modo sunt gradus, ita quod una est notior quam alia. Et ideo non sequitur: utraque est per se secundo modo, ergo neutra est notior quam alia.

⟨Ad 7⟩

11.60 Ad aliud principale, quod quidditas substantiae est simpliciter notior quam aliquod accidens, etsi, quoad nos, accidens sensibile sit notius quam quidditas substantiae. Dicit enim Philosophus septimo *Metaphysicae* quod substantia praecedit accidens definitione, cognitione et tempore. //

⟨Ad 8⟩

11.61 Ad aliud principale, quod pro tanto dicitur quod medium et passio debent esse unigenia, quia passio debet esse appropriata medio, ita quod medium et passio sint adaequata sic quod neutrum excedat alterum in supposito.

⟨Ad 9⟩

11.62 Ad ultimum, cum dicitur quod medium in demonstratione debet esse medium in natura, dicendum quod hoc non est verum in demonstratione quae est ex immediatis, sed in tali demonstratione medium debet esse notius subiecto et etiam passione. Sed in demonstratione quia, in qua definitio passionis est medium, in tali demonstratione medium est medium ⟨in⟩ natura, quia definitio passionis est magis nota quam passio et minus nota quam subiectum.

364 Vide supra, 11.19.
373 Vide supra, 11.21.
375 *Metaph.* VII.1, 1028a31-33.
377 Vide supra, 11.22.
381 Vide supra, 11.23.

⟨XII⟩

⟨Q⟩uaeratur utrum omnis quaestio sit quaestio medii.

⟨1⟩

12.01 Quod non videtur, quia nihil idem quaeritur et supponitur; sed in omni quaestione medium supponitur, ergo in nulla quaestione medium quaeritur, et sic nulla quaestio est quaestio medii. Quod autem in omni quaestione supponatur medium patet, quia ante omnem quaestionem supponitur illud esse quaeribile de ⟨quo⟩ fit quaestio; sed nihil est quaeribile nisi eius sit medium; ergo ante omnem quaestionem supponitur medium.

12.02 Hoc confirmatur, quia de immediato non fit quaestio, quia immediatum medium non habet; ergo solum de mediato fit quaestio et tale habet medium. Primo ergo supponitur illud habere medium de quo fit quaestio, et sic medium supponitur, et per consequens non est aliqua quaestio quaerens si est medium.

⟨2⟩

12.03 Praeterea, quaestio quid est non est quaestio medii, quia si quaestio quid est quaereret medium, tunc quaereret medium ad demonstrandum quod quid est. Et sic quod quid est posset demonstrari, quod est contra Philosophum.

⟨3⟩

12.04 Praeterea, quod quaestio sit de aliquo non potest esse nisi tripliciter: aut quia aliquid debet demonstrari de eo, aut quia ipsum debet demonstrari de alio, aut quia ipsum sit illud mediante quo aliud debet demonstrari; sed nullo istorum modorum est quaestio de medio. Primis duobus modis non, quia ex quo medium non ingreditur conclusionem, medium non debet demonstrari de aliquo nec aliquid aliud de medio. Nec tertio modo, quia si quaestio quid est esset quaestio medii tamquam illius mediante quo aliud debet demonstrari, illud aliud non esset nisi quod quid est, et sic quod quid est deberet demonstrari.

---

13 si] *inser.* C   17 esse] tripliciter *add. et exp.* C   18 debet[1]] ? C

2 Cf. Ps.-Scotus, *Super lib. Post.* II, q. 7, pp. 334-335.
17 *APo* II.3-10, 90a35ff; *AL*, pp. 71-84, ll. 15-20.

⟨Ad oppositum⟩

12.05 Ad oppositum est Aristoteles.

⟨Responsio⟩

12.06 Ad istam quaestionem dicendum quod omnis quaestio est quaestio medii.

12.07 Ad cuius evidentiam sciendum quod Philosophus primo reducit omnes quatuor quaestiones ad duas quaestiones, et postea reducit omnes quatuor quaestiones ad unam quaestionem, videlicet ad quaestionem medii. Dicit enim quod quaestio quia est et quaestio si est reducuntur ad hanc quaestionem 'utrum huius sit medium vel non'. Quaestio enim quia est quaerit utrum sit aliquod medium ad concludendum praedicatum inesse subiecto, et quaestio si est quaerit utrum sit aliquod medium ad concludendum esse de subiecto. Et ita quaestio si est et quaestio quia est utraque quaerit utrum sit aliquod medium illius quod quaeritur, // et sic istae quaestiones reducuntur ad quaestionem quae quaerit utrum huius sit medium vel non. Sed aliae duae quaestiones, scilicet quaestio quid est et quaestio propter quid est, reducuntur ad quaestionem quid est. Nam sive quaeratur quid est sive propter quid est, semper quaeritur de causa quid est; sed causa et medium sunt idem; ideo tam quaestio quid est quam quaestio propter quid est quaerit quid est medium.

12.08 Ex isto potest concludi quod omnis quaestio est quaestio medii, quia omnis quaestio aut quaerit si est medium aut quaerit quid est medium; ergo omnis quaestio est quaestio medii. Et sic secundo reducuntur omnes quaestiones ad unam, scilicet ad quaestionem medii.

12.09 Similiter, omnis quaestio quaerit causam; sed causa et medium sunt idem; ergo omnis quaestio est quaestio medii.

12.10 Similiter, quando non habemus medium ad aliquid, tunc quaerimus illud; sed quando habemus medium, non quaerimus amplius; ergo quotienscumque fit quaestio, fit quaestio de medio, quia illius est quaestio quo habito non amplius quaeritur. Quod autem, habito medio, cessat omnis quaestio, patet per exemplum Philosophi: quoniam si essemus supra lunam et videremus interpositionem terrae inter solem et lunam, tunc haberetur

---

26 *APo* II.2, 90a5-6; *AL*, p. 70, ll. 7-8.
29 Ibid., 89b36-90a6; *AL*, pp. 69-70, ll. 16-8.
48-49 Ibid., 90a6-7; *AL*, p. 70, l. 9.
54 Ibid., 90a26-27; *AL*, p. 71, ll. 5-7.

medium ad concludendum eclipsim de luna; et tunc cesseret omnis quaestio, quia nec tunc quaereremus utrum luna eclipsatur, nec etiam propter quid eclipsatur.

12.11 Sed intelligendum quod quaestio quia est et quaestio si est aliter sunt quaestiones medii quam quaestio quid est et quaestio propter quid est. Quia quaestio quia est et quaestio si est quaerunt medium per quod istae quaestiones possunt terminari, sed quaestio quid est et quaestio propter quid est non quaerunt medium per quod istae quaestiones possent terminari, sed quaerunt media ad terminandum alias quaestiones: sicut patet ista quaestio 'propter quid homo est risibilis' quaerit medium ad terminandum istam quaestionem 'utrum homo est risibilis'. Unde quaestio quid est et propter quid est non possunt per demonstrationem terminari.

⟨Ad argumenta⟩

⟨Ad 1⟩

12.12 Ad primum argumentum dicendum quod non in omni quaestione supponitur medium esse, sed quaestio si est et quaestio quia est quaerunt utrum sit aliquod medium illius quod quaeritur. Nec valet 'hoc est quaeribile, ergo habet medium per quod potest terminari'.

12.13 Vel aliter, quod istae quaestiones supponunt aliquod esse medium et quaerunt quid est illud medium; et sic non idem supponunt et quaerunt, sed supponunt aliquid in generali et quaerunt illud in speciali.

⟨Ad 2⟩

12.14 Ad aliam rationem dicendum quod quaestio quid est est quaestio medii, non tamen ex hoc sequitur quod quid est posset terminari per medium. Nam quaestio quid est non quaerit medium ad terminandum hanc quaestionem, sed ad terminandum aliquam aliam.

⟨Ad 3⟩

12.15 Ad aliud, // quod omnis quaestio est quaestio medii, non quia medium posset de aliquo demonstrari, nec quia aliquid debet demonstrari de

---

76 quid] *iter.* C   80 demonstrari] demonstrare C

68 Vide supra, 12.01-12.02.
75 Vide supra, 12.03.
79 aliud] vide supra, 12.04.

medio, sed propter hoc est omnis quaestio medii, quia omnis quaestio quaerit medium per quod aliud debet demonstrari. Nec tamen quaestio quid est quaerit medium per quod haec quaestio debet determinari, sed quaerit medium per quod aliquid aliud debet determinari.

EXPLICIUNT QUAESTIONES SUPER LIBRUM POSTERIORUM DATAE A DOMINO WALTERO DE BURLEY.

Bibliography

A. PRIMARY SOURCES: ANCIENT AUTHORS

Aristotle. *Analytica Posteriora. Translationes Iacobi, Anonymi sive 'Ioannis', Gerardi et Recensio Guillemi de Moerbeka. Aristoteles Latinus* IV, 1-4, 2 & 3 editio altera. Ed. L. Minio-Paluello and B.G. Dod. Bruges/Paris: Desclée de Brouwer, 1968.
——. *Aristotle Categoriae et Liber de Interpretatione.* Ed. L. Mino-Paluello. 1949; rpt. with corr. Oxford: Oxford Univ. Press, 1956.
——. *Categories and De Interpretatione.* Trans. J. L. Ackrill. Oxford: Oxford Univ. Press, 1963.
——. *De anima.* In *Aristotelis Opera* I. Ed. Academia Regina Borussica ex recensione I. Bekkeri. 1831; rpt. Berlin: W. De Gruyter, 1960.
——. *De caelo.* In *Aristotelis Opera* I. Ed. Academia Regina Borussica ex recensione I. Bekkeri. 1831; rpt. Berlin: W. De Gruyter, 1960.
——. *Ethica Nicomachea.* Ed. I. Bywater. 1894; rpt. Oxford: Clarendon Press, 1970.
——. *Metaphysics.* Ed. W.D. Ross. 2 vols. 1924; rpt. with corr. Oxford: Clarendon Press, 1958.
——. *Physics.* Ed. W.D. Ross. 1936; rpt. with corr. Oxford: Clarendon Press, 1960.
——. *Posterior Analytics.* In *The Works of Aristotle* I. Trans. G.R.G. Mure. Oxford: Oxford Univ. Press, 1928.
——. *Posterior Analytics.* 2nd ed. Trans. Jonathan Barnes. Oxford: Clarendon Press, 1994.
——. *Prior and Posterior Analytics.* Ed. W.D. Ross. 1949; rpt. with corr. Oxford: Clarendon Press, 1965.
——. *Topica.* In *Aristotelis Opera* I. Ed. Academia Regia Borussica ex recensione I. Bekkeri. 1831; rpt. Berlin: W. De Gruyter, 1960.
——. *Topica.* In *The Works of Aristotle* I. Trans. W.A. Pickard-Cambridge. Oxford: Oxford Univ. Press, 1928.
Boethius. *Arithmetica.* In *Patrologiae cursus completus, Series Latina,* ed. J.P. Migne, v. 63. Paris, 1882.
Cicero, Marcus Tullius. *Academica.* Loeb Classical Library. Cambridge, Mass., 1922.
Plato. *Meno.* In *Platonis Opera* III. Ed. J. Burnet. 1903; rpt. Oxford: Clarendon Press, 1965.

———. *Meno*. In *The Dialogues of Plato* I. Trans. B. Jowett. 1892; rpt. New York: Random House, 1937.
———. *Theaetetus*. In *Platonis Opera* I. Ed. J. Burnet. 1900; rpt. Oxford: Clarendon Press, 1967.
———. *Timaeus*. In *Platonis Opera* IV. Ed. J. Burnet. 1902; rpt. Oxford: Clarendon Press, 1965.
Themistius. *Analyticorum Posteriorum Paraphrasis*. In *Commentaria in Aristotelem Graeca* V. Academiae Litterarum Regiae Borussicae. Ed. M. Wallies. Berlin: Reimer, 1900.

B. PRIMARY SOURCES: MEDIEVAL AUTHORS

Albert the Great. *De praedicabilibus*. In *Alberti Magni Opera Omnia* I. Ed. A. Borgnet. Paris: Vivès, 1890.
———. *Secunda Pars Logicae. Liber Posteriorum Analyticorum*. In *Alberti Magni Opera Omnia* II. Ed. A Borgnet. Paris: Vivès, 1890.
Algazel. *Algazel's Metaphysics: A Mediaeval Translation*. Ed. J.T. Muckle, CSB. Toronto: St. Michael's College, 1933.
Aquinas, Thomas. *Expositio Libri Posteriorum*. In *Opera Omnia* I.2. Commissio Leonina ed. Paris: Librairie Philosophique J. Vrin, 1989.
———. *Commentary on the Posterior Analytics of Aristotle*. Trans. F.R. Larcher. Albany, NY: Magi Books, 1970.
———. *In XII Libros Metaphysicorum Aristotelis Expositio*. Ed. M.R. Cathala and R.M. Spiazzi. Taurini/Romae: Marietti, 1964.
———. *Summa Theologiae*. 5 vols. Ed. Commissio Piana. Ottawa, 1953.
Averroes. *In libros Posteriorum*. In *Aristotelis Opera Cum Averrois Commentariis* I. 1562; rpt. Frankfurt/Main: Minerva G.m.b.H., 1962.
———. *Commentarium Magnum in Aristotelis De Anima Libros*. In *Corpus Commentariorum Averrois in Aristotelem Versionum Latinarum* VI.1. Ed. F. Stuart Crawford. Cambridge, Mass., 1953.
———. *Aristotelis Metaphysicorum Libri XIIII cum Averrois Commentariis*, VIII. 1562; rpt. Frankfurt/Main: Minerva G.m.b.H., 1962.
Avicenna. *Logica*. In *Opera Philosophica*. 1508; rpt. Louvain: Édition de la Bibliothèque S.J., 1961.
———. *Liber de Philosophia Prima*. In *Avicenna Latinus*. Ed. S. Van Riet, Louvain: E. Peeters/Leiden: E.J. Brill, 1977 (I-IV) and 1980 (V-X).
Bonaventure. *De scientia Christi*. In *S. Bonaventurae Opera Omnia* V. Ed. pp. Collegia S. Bonaventura. Florence: ad Claras Aquas, 1891.
Burley [Burleigh], Walter. *De Puritate Artis Logicae Tractatus Longior* with a revised edition of the *Tractatus Brevior*. Ed. Ph. Boehner. St. Bonaventure, NY/Louvain/Paderborn: Franciscan Institute, 1955.

———. "Walter Burleigh's Treatise *De suppositionibus* and its influence on William of Ockham." Ed. Stephen F. Brown. *Franciscan Studies* 32 (1972) 15-64.
———. "Walter Burley's Middle Commentary on Aristotle's *Perhermeneias*. Ed. Stephen F. Brown. *Franciscan Studies* 33 (1973) 42-134.
———. *Questions on the De Anima of Aristotle by Magister Adam Burley and Dominus Walter Burley*. Ed. Edward A. Synan. Leiden: E.J. Brill, 1997.
———. "Walter Burley's *Quaestiones in librum Perihermeneias*." Ed. Stephen F. Brown. *Franciscan Studies* 34 (1974) 200-295.
Giles of Rome. *In libros Posteriorum*. Gonville and Caius College, Cambridge Ms 313/711. ff. 1-777.
Grosseteste, Robert. *Commentarius In Posteriorum Analyticorum Libros*. Ed. Pietro Rossi. Firenze: Leo S. Olschki, 1981.
Henry of Ghent. *Summa Quaestionum Ordinariorum*. 2 vols. 1520; rpt. St. Bonaventure, N.Y.: Franciscan Institute, 1953.
Richard of Campsall. *The Works of Richard Campsall, I: Questiones Super Librum Priorum Analeticorum, MS Gonville and Caius 668*. Ed. Edward A. Synan. Toronto: Pontifical Institute of Mediaeval Studies, 1968.
Scotus, John Duns. *Lectura In Librum Primum Sententiarum*. In *Ioannis Duns Scoti Opera Omnia* XVI. Ed. C. Balić. Vatican City, 1960.
———. *Ordinatio: Prologus*. In *Ioannis Duns Scoti Opera Omnia* I. Ed. C. Balić. Vatican City, 1950.
———. *Super Universalia Porphyrii*. In *Opera Omnia Ioannis Duns Scoti* I. Ed. L. Wadding. Paris: Vivès, 1891.
Pseudo-Scotus. *Quaestiones in Libros Posteriorum Analyticorum Aristotelis*. In *Opera Omnia Ioannis Duns Scoti* II. Ed. L. Wadding. Paris: Vivès, 1891.
Siger of Brabant. *Siger de Brabant et l'averroisme latin au xiiime siècle*. In *Textes inédits* II. Ed. P.F. Mandonnet, OP. Louvain, 1908.

C. Secondary Sources: Walter Burley

Adams, Marilyn McCord. "Universals in the early fourteenth century." In *The Cambridge History of Later Medieval Philosophy*, ed. Norman Kretzmann, et al., pp. 411-439. Cambridge: Cambridge Univ. Press, 1982.
Archer, T.A. "Walter Burley." *Dictionary of National Biography* I: 374-376. London, 1937-38.
Boh, Ivan. "A Study in Burleigh; *Tractatus de regulis generalibus consequentiarum*." *Notre Dame Journal of Formal Logic* 3 (1962) 83-101.
———. "Consequences." In *The Cambridge History of Later Medieval Philosophy*, ed. Norman Kretzmann, et al., pp. 300-314. Cambridge: Cambridge Univ. Press, 1982.

Conti, Alessandro D. "Ontology in Walter Burley's Last Commentary on the *Ars Vetus.*" *Franciscan Studies* 50 (1990) 120-176.
De Rijk, L.M. "Burley's So-Called *Tractatus Primus*, with an Edition of the Additional Questio, *Utrum contradictio sit maxima oppositio.*" *Vivarium* 34 (1996) 161-191.
Emden, A. B. "Burley, Walter de." *Biographical Register of the University of Oxford to AD 1500* I: 312-314. Oxford, 1957.
Karger, Elizabeth. "Mental Sentences according to Burley and to the Early Ockham." *Vivarium* 34 (1996) 192-230.
Kitchel, M. Jean. "Walter Burley's Doctrine of the Soul: Another View." *Mediaeval Studies* 39 (1977) 387-401.
Kretzmann, Norman. "Medieval Logicians on the Meaning of *Propositio.*" *Journal of Philosophy* 67 (1970) 767-787.
———. "Syncategoremata, exponibilia, sophismata." In *The Cambridge History of Later Medieval Philosophy*, ed. Norman Kretzmann, et al., pp. 211-245. Cambridge: Cambridge Univ. Press, 1982.
Lohr, Charles H. "Medieval Latin Aristotle Commentaries: Authors G-I." *Traditio* 26 (1968) 171-187.
Maier, Annaliese. "Ein unbeachteter 'Averroist' des XIV Jahrhunderts: Walter Burley." *Medioevo e Rinascimento. Studi in onore di Bruno Nardi*, I: 477-499. Florence, 1955.
———. "Handschriftliches zu Wilhelm Ockham und Walter Burley." *Archivum Franciscanum Historicum* 48 (1955) 225-251.
———. *Metaphysische Hintergründe der spätscholastischen Naturphilosophie.* Rome: Edizioni di Storia e Letteratura, 1955.
Markowski, M. "Die Anschauungen des Walter Burleigh über die Universalien." In *English Logic in Italy in the 14th and 15th Centuries*, ed. Alfonso Maieru. Napoli: Bibliopolis, 1982.
Martin, C. "Walter Burley." In *Oxford Studies Presented to Daniel Callus.* ed. William A. Hinnebusch, et al., pp. 194-230. Oxford, Clarendon Press, 1964.
Michalski, Constantin. "La physique nouvelle et les différents courants philosophiques au xive siècle." *Bulletin de l'Académie polonaise des sciences et des lettres.* Année 1927. Cracovie, 1928.
Pinborg, Jan. "Walter Burley on Exclusives." In *English Logic and Semantics*, Acts of the 4th European Symposium on Medieval Logic and Semantics, Leiden-Nijmegen, 23-27 June, 1979, pp. 305-329. Nijmegen: Ingenium, 1981. Reprinted in Jan Pinborg, *Mediaeval Semantics* (London: Variorum, 1984).
———. "Walter Burleigh on the Meaning of Propositions." *Classica et Mediaevalia* 28 (1970) 394-404. Reprinted in Jan Pinborg, *Mediaeval Semantics* (London: Variorum, 1984).

Prior, A.N. "On Some *Consequentiae* in Walter Burleigh." *New Scholasticism* 27 (1953) 433-446.
Spade, Paul Vincent. "Some Epistemological Implications of the Burley-Ockham Dispute." *Franciscan Studies* 35 (1975) 212-222.
Stump, Eleanore. "Obligations: From the beginning to the early 14th century." In *The Cambridge History of Later Medieval Philosophy*, ed. Norman Kretzmann, et al., pp. 315-334. Cambridge: Cambridge Univ. Press, 1982.
——. "Topics: their development and absorption into consequences." In *The Cambridge History of Later Medieval Philosophy*, ed. Norman Kretzmann, et al., pp. 273-299. Cambridge: Cambridge Univ. Press, 1982.
Sylla, Edith Dudley. "The Oxford calculators." In *The Cambridge History of Later Medieval Philosophy*, ed. Norman Kretzmann, et al., pp. 540-563. Cambridge: Cambridge Univ. Press, 1982.
Thompson, S.H. "Unnoticed *Questiones* of Walter Burley on the Physics." *Mitteilungen des Instituts für österreichische Geschichtsforschung* 62 (1954) 390-405.
Uña Juárez, Agustin. *La filosofía del siglo XIV: contexto cultural de Walter Burley*. Madrid: Biblioteca "La Ciudad de Dios," 1978.
Weisheipl, James A. "Ockham and Some Mertonians." *Mediaeval Studies* 30 (1968) 174-188.
——. "Ockham and the Mertonians." In *The History of the University of Oxford I: The Early Oxford Schools*, ed. J.I. Catto, pp. 607-658. Oxford: Clarendon Press, 1984.
——. "Repertorium Mertonense." *Mediaeval Studies* 31 (1969) 185-208.
Wood, Rega. "Studies on Walter Burley 1968-1988." *Bulletin de philosophie médiévale* 30 (1988) 233-250.
Wood, Rega and Jennifer Ottman. "Walter of Burley: His Life and Works." *Vivarium* 37 (1999) 1-23.

D. SECONDARY SOURCES: OTHER

Adams, Marilyn McCord. *William Ockham*. Notre Dame, Ind.: University of Notre Dame Press, 1987.
Ashworth, E.J. *The Tradition of Medieval Logic and Speculative Grammar from Anselm to the End of the 17th Century: A Bibliography from 1836 Onwards*. Toronto: Pontifical Institute of Mediaeval Studies, 1978.
Biard, Joël. *Logique et Théorie du Signe au XIVe Siècle*. Paris: Librairie Philosophique J. Vrin, 1989.
Bochenski, I.M. *History of Formal Logic*. Notre Dame: Notre Dame Univ. Press, 1961.

Boehner, Philotheus. *Medieval Logic: An Outline of Its Development from 1250 to ca. 1400.* Manchester: Manchester Univ. Press, 1952.

Brampton, C.K. "Duns Scotus at Oxford, 1288-1301." *Franciscan Studies* 24 (1964) 10-15.

Brown, Stephen F. "Henry of Ghent's Critique of Aquinas' Subalternation Theory and the Early Thomistic Response." In *Knowledge and the Sciences in Medieval Philosophy* III, Proceedings of the Eighth International Congress of Medieval Philosophy, Helsinki, 24-29 August 1987, ed. Reijo Työrinoja, et al., pp. 337-345. Helsinki, 1990.

Callus, Daniel A. "Introduction of Aristotelian Learning to Oxford." *Proceedings of the British Academy* v. 29 (London, 1943), pp. 3-55.

Ebbesen, S., ed. "'Corpus Philosophorum Danicorum Medii Aevi', Archbishop Andrew, and Twelfth-Century Techniques of Argumentation." In *The Editing of Theological and Philosophical Texts from the Middle Ages*, ed. Monika Asztalos, pp. 267-280. Stockholm: Almqvist & Wiksell International, 1986.

Fletcher, J.M. "The Faculty of Arts." In *The History of the University of Oxford* I: *The Early Oxford Schools*, ed. J.I. Catto, pp. 369-399. Oxford: Clarendon Press, 1984.

Gilson, Etienne. *Jean Duns Scot. Introduction à ses positions fondamentales.* Paris: J. Vrin, 1952.

——. *History of Christian Philosophy in the Middle Ages.* N.Y.: Random House, 1955.

Hamesse, Jacqueline. *Les Auctoritates Aristotelis: Un Florilège Médiéval Étude Historique et Édition Critique.* Paris: Louvain Publications Universitaires, 1974.

Haskins, Charles H. "Versions of Aristotle's *Posterior Analytics*." In *Studies in the History of Medieval Science*, 2nd ed., pp. 223-241. Cambridge, 1927.

Hissette, Roland. *Enquête sur les 219 Articles condamnés à Paris le 7 mars 1277.* Paris: Louvain Publications Universitaires, 1977.

——. "Note sur le Syllabus «Antirationaliste» du 7 mars 1277." *Revue Philosophique de Louvain* 88 (1990) 404-416.

James, M.R. *A Descriptive Catalogue of the MSS in the Library of Gonville and Caius College.* 2 vols. Cambridge, 1908.

Livesey, Steve J. "The Oxford Calculatores, Quantification of Qualities, and Aristotle's Prohibition of Metabasis." *Vivarium* 24 (1986) 50-69.

——, ed. *Theology and Science in the Fourteenth Century. Three Questions on the Unity and Subalternation of the Sciences from John of Reading's Commentary on the Sentences.* Leiden: E.J. Brill, 1989.

Minio-Paluello. L. "*Iacobus Veneticus Grecus*: Canonist and Translator of Aristotle." *Traditio* 8 (1952) 265-304.

Owens, Joseph. "*Tenent Philosophi Perfectionem Naturae.*" In *Essays Honoring Allan B. Wolter*, ed. W.A. Frank and G.J. Etzkorn, pp. 221-244. St. Bonaventure, N.Y.: Franciscan Institute, 1985.

Schmitt, Charles B. "Henry of Ghent, Duns Scotus and Gianfrancesco Pico on Illumination." *Mediaeval Studies* 25 (1963) 231-258.

Spade, Paul Vincent. "The Logic of the Categorical: The Medieval Theory of Descent and Ascent." In *Meaning and Inference in Medieval Philosophy*, ed. Norman Kretzmann, pp. 187-224. Dordrecht: Kluwer Academic Publishers, 1988.

Weisheipl, J.A. "Curriculum of the Faculty of Arts at Oxford in the Early Fourteenth Century." *Mediaeval Studies* 26 (1964) 143-185.

Wolter, Allan B., O.F.M., "Reflections on the Life and Works of Scotus." *The American Catholic Philosophical Quarterly*, 57 (1993) 1-36.

Index

ACCIDENS
—accidentis esse est inesse 9.02

ACCIDO
—quandocumque aliqua duo sic se habent quod unum **accidit** alteri, utrumque illorum accidit tertio 7.130

ADDISCO
—nihil **addiscit** qui nihil novit 3.04
—Si proponantur nota, adhuc non **addiscit** 3.15
—aliquam cognitionem habet de illo quod **addiscit** 3.37
—ponere aliquem de novo **addiscere** citharizare est ponere opposita 3.05
—'**addiscere**' uno modo accipitur pro acquisitione cuiuscumque notitiae de novo 3.33
—alio modo '**addiscere**' accipitur pro acquisitione notitiae conclusionis in demonstratione 3.33

AGENS
—principium **agens** intra 3.23
—non operatur ars sicut **agens** principale, sed solum sicut coadiuvans 3.25
—sine adiutorio **agentis** exterioris 3.23

ANTECEDENS
—aliquid cognoscitur in universali quando universale **antecedens** ad ipsum cognoscitur 5.12
—**antecedens** [est] verum [...] ergo consequens 7.35, 7.40, 7.49, 7.54
—consequens est falsum, ergo **antecedens** 11.03

ANTICHRISTUS
—tale esse [non prohibitum] habet **antichristus** 5.10

CASUS
—[li 'quod'] est accusativi **casus** 8.29
—li 'quod' est nominativi **casus** 8.29

CAUSA
—doctor exterior non est **causa**...nisi per accidens 3.26
—ratio interior est per se **causa** [acquirendi scientiam] 3.26
—doctor exterior non est **causa** principalis 3.49
—[prima **causa**] 4.05, 4.08, 6.03, 6.04, 6.05, 6.06, 6.08, 6.09, 6.13, 7.06, 7.14, 7.27, 7.107
—**causa** efficiens est duplex 5.33

—[causa] efficiens respectu esse et...fieri 5.33
—aedificator dicitur causa efficiens respectu domus 5.33
—ubi neutrum [praedicatum vel subiectum] est causa alterius, non est aliquis modus dicendi per se 7.03
—quod homo sit homo...non est aliqua causa 7.107
—medium et causa sunt idem 11.40, 12.09
—medium est causa cognitionis 11.52
—ex speciali illustratione primae causae 4.08
—subiectum se habet respectu suae passionis in ratione causae materialis 5.20
—subiectum respectu suae passionis habet rationem causae efficientis 5.21
—actualis applicatio eius [causae] ad conclusionem inferendam 5.26
—subiectum respectu suae passionis se habet in duplici genere causae 5.32
—haec praepositio 'per' aliquando denotat circumstantiam causae formalis...aliquando...causae materialis...aliquando causae efficientis 7.08
—immediatione causae 11.45
—quia videbant lunam eclipsari, causam eius quaerebant 5.08
—cognitum tamquam per causam investigatum 5.09
—res non scitur perfecte per unam causam 6.02
—quod aliqua res cognoscatur oportet primam causam cognosci 6.03
—non oportet cognoscere causam [rei] extra genus 6.04
—si sit procedere in infinitum, tunc nihil convenit cognoscere per causam 6.05
—quod res cognoscatur non oportet cognoscere causam eius extra genus nisi imperfecte 6.06
—status [in cognitione] ad primam causam in genere 6.06
—citra primam causam est standum [in cognitione] 6.13
—passio quae non habet causam in subiecto 11.13
—requiritur cognitio omnium causarum [rei] 6.01
—ex cognitione omnium causarum non est homo natus devenire in cognitionem effectus 6.08
—diversi effectus habent diversas causas immediatas 1.02
—oportet causas magis cognosci [quam rem] 6.07
—res est nata cognosci per omnes causas eius 6.08
—res non est nata cognosci ab intellectu nostro per omnes eius causas 6.08
—cognoscere omnes causas...ex quibus nata est res cognosci ab intellectu nostro 6.10
—ad perfectam cognitionem rei extra genus oportet cognoscere omnes eius causas 6.14
—ad perfectam cognitionem rei in genere non oportet cognoscere omnes causas 6.14
—esse in suis causis 5.10
—intellectus primi est natus cognoscere rem ex omnibus causis 6.09

COGNITIO
—cognitio est duplex, scilicet in universali et in particulari 5.12
—cognitio ⟨in⟩ particulari est duplex, scilicet in actu et in habitu 5.12
—duplex est cognitio rei, scilicet in genere et extra genus 6.14

—ex praeexistenti **cognitione** 3.06, 3.18, 3.38
—illa est perfectissima definitio quae ducit in perfectissimam **cognitionem** 2.11

COMPLEXIO
—**complexio** habet duplicem formam 10.21
—talis **complexio** est de se nota in genere determinato 11.34

COMPLEXUM
—**complexum** possit habere quid nominis...ratione suarum partium 5.06

COMPOSITIO
—**compositio** [intelligibilis sive intellectualis] 2.51, 2.53
—**compositio** realis 2.51, 2.53
—**compositio** aliquorum est multis modis 7.73
—**compositio** generis cum differentia 7.73
—in definitione est **compositio** eiusdem rei cum seipsa 7.73
—in definitione non est **compositio** partium, sed est **compositio** specificationis et determinationis 7.73
—esset **compositio** totaliter ex eisdem rebus 7.75
—in definitione est **compositio** ex diversis rebus 7.76
—**compositio** ex diversis rebus 7.98
—propositio...componitur ex rebus **compositione** intellectuali, et non **compositione** reali 2.49
—**compositione** metaphysicali 7.111
—distinguenda est 'animal per se est rationale' secundum **compositionem** et divisionem 7.50
—vera in sensu divisionis et falsa sensu **compositionis** 7.51
—fallacia **compositionis** 7.85

CONCEPTUS
—aut [syllogismus demonstrativus componitur] ex vocibus, aut ex **conceptibus**, aut ex rebus 2.18, 2.49
—pars orationis significat mentis **conceptum** 2.18
—omnis **conceptus** est meus vel tuus vel suus 2.18
—**conceptus** sic ordinati sunt per se causa et proxima doctrinae 3.26

CONCLUSIO
—**conclusio** est falsa et minor vera...ergo maior falsa 2.07
—**conclusio** in demonstratione est mediata 2.10
—maior prius tempore cognoscitur quam **conclusio** 5.11
—[cognoscere] quod **conclusio** sequatur ex praemissis 5.12, 5.13
—cognoscitur **conclusio** in universali 5.12
—quod omnis **conclusio** demonstrationis esset necessaria 5.20
—**conclusio** demonstrationis est necessaria 5.32
—antequam **conclusio** sit conclusa debet dubitare de **conclusione** 8.30
—medium est prius notum quam **conclusio** 10.05
—maior propositio non est notior quam **conclusio** 11.19
—minor non esset magis per se quam **conclusio** 11.29

—maior est notior quam **conclusio** 11.59
—minor...simul tempore cognoscitur cum **conclusione** 5.11
—scientia est de **conclusione** demonstrationis et quaestio non 8.03
—medium est notius **conclusione** 10.28
—[cognoscere] **conclusionem** in particulari 5.12
—actualis applicatio eius [causae] ad **conclusionem** inferendam 5.26
—eandem **conclusionem** per syllogismam demonstrativum...et per syllogismum dialecticum 5.30
—eadem res significatur per **conclusionem** et per maiorem 11.11
—res significata per **conclusionem** sit notior quam res significata per praemissam 11.11
—primo prima principia per se nota proponendo [discipulo] ⟨deinde⟩ **conclusiones** 3.25
—habitudo quae est inter praemissas et **conclusiones** 5.13
—oportet in demonstrativis credere **conclusioni** 8.06
—oportet discentem credere **conclusioni** 8.30
—notitia intellectiva duplex, scilicet **conclusionis** et principiorum 3.38
—cognitio **conclusionis** non dependet nisi ex cognitione principii et deductione 4.04

CONSIDERATIO
—sub una **consideratione** reali 2.38, 2.39

CONTRAHO
—determinatio determinabile suum **contrahit** 7.121

CREDIBILE
—simpliciter **credibilia** 4.08
—in **credibilibus** 4.12

DE OMNI
—deductio est evidens per dici **de omni** vel de nullo 4.04
—**de omni**, ut pertinet ad demonstratorem 7.02
—per se praesupponit **de omni** 7.85
—**de omni** in propositionibus demonstrativis 7.91

DEFINIO
—definire per primum genus et ultimam differentiam 7.44
—'**definire**' uno modo idem est quod 'facere definitionem,' et alio modo est idem quod 'devenire in cognitionem definitionis' 7.102
—**definire** per genus supremum et per ultimam differentiam 7.120

DEFINITIO
—**definitio** indicat quidditatem rei 1.01, 1.72
—**definitio** est medium in demonstratione 1.01
—aut est eadem **definitio** data a logico et a metaphyico aut alia 1.02
—de illo in quo una **definitio** differt ab alia 1.03

INDEX 181

—definitio sit primo eadem [idem] **definito** 1.03, 1.04, 1.22
—alia erit **definitio** data a metaphysico et a logico 1.17, 2.23
—definitio data a causa materiali et [a causa] formali 2.09, 2.11, 11.46
—definitio data ab omnibus quatuor causis 2.09—2.11, 2.47
—definitio imperfectior 2.09, 2.11, 2.46, 2.47
—definitio materialis potest ostendi de **definito** per definitionem formalem 2.09, 2.47
—haec **definitio** 'animal rationale' potest ostendi per medium de homine 2.09
—definitio data a metaphysico est alia a **definitione** data a logico 2.26
—una **definitio** solum differt ab alia per rationem formalem 2.28
—definitio data per genus et differentiam 2.47
—definitio definitionis 7.23
—definitio potest bene habere descriptionem, sed non **definitionem** 7.25
—tota **definitio** significat primo totum definitum 7.71
—definitio est quiddam coniunctum ex genere et differentia sicut ex specificante et specificato 7.73
—definitio est aliud a genere et a differentia 7.100
—definitio non potest definiri 7.103
—definitio...notissima 7.103
—definitio [data] accepta ab una causa 11.01, 11.47, 11.48
—definitio data ab una causa...est incompleta 11.01
—definitio et nomen definiti significant eandem rem praecise 11.02
—definitio subiecti non est causa passionis 11.02
—definitio subiecti non est medium 11.03, 11.22
—definitio et nomen definiti non significant idem totaliter 11.04
—definitio et nomen definiti praecise significant idem...alio modo et alio 11.07
—definitio est notior definito 11.08
—species ergo est **definitio** speciei 11.08
—quaelibet **definitio** posset definiri 11.09
—propositio non est immediata in qua **definitio** passionis praedicatur de subiecto 11.16
—si **definitio** subiecti esset medium...esset petitio principii 11.18
—definitio subiecti...est minus nota quam passio 11.21
—definitio subiecti et passio non sunt eiusdem generis 11.22
—definitio passionis non est causa passionis 11.24
—definitio subiecti...est substantia, et **definitio** passionis est accidens 11.30
—si **definitio** passionis esset medium...esset petitio principii 11.31
—definitio materialis 11.32
—definitio passionis est medium in demonstratione 11.33
—si **definitio** passionis esset medium, demonstratio non foret ex immediatis 11.37
—vera...**definitio** subiecti est causa omnium passionum quae demonstrari possunt de subiecto 11.40
—definitio passionis non est medium 11.42
—quaelibet **definitio** passionis est proprium accidens alicuius subiecti 11.42
—definitio...accepta a duabus causis 11.46

—definitio composita, quae est **definitio** completa 11.48
—eandem rem totaliter significant **definitio** et nomen definiti 11.50
—quidquid est in **definitione** est in definito 1.03, 1.05, 1.21, 2.28
—quidquid reale [quod] est in **definitione** est in definito 2.05, 2.28, 2.29, 2.41
—ratio realis...in **definitione** quae non est in definito 2.28
—in **definitione** est aliquid praeter genus et differentiam quod est formale 7.22
—differentia divisiva generis non cadit in **definitione** generis 7.62
—genus non cadit in **definitione** differentiae 7.62
—de **definitione** composita ex rebus 7.73
—de **definitione** composita ex vocibus 7.73
—in **definitione** est compositio eiusdem rei cum seipsa 7.73
—in **definitione** non est compositio partium, sed est compositio specificationis et determinationis 7.73
—in **definitione** est compositio ex diversis rebus 7.76
—differentia est formale in **definitione** 7.99
—in tali **definitione** [data per omnes causas] est nugatio 11.01
—propositio...in qua passio praedicatur de **definitione** subiecti non est immediata 11.03
—a **definitione** ad definitum est petitio principii 11.58
—logicus...suam **definitionem** capit a metaphysico 1.06
—per utramque **definitionem** convenienter potest responderi ad quaestionem factam per quid 1.18
—eadem est res significata per **definitionem** et definitum 1.20, 2.02, 2.03, 2.06, 2.07, 2.38
—eadem res...significata per unam **definitionem** et aliam 1.20, 2.30
—per **definitionem** perfectiorem 2.09, 2.11, 2.46, 2.47
—per **definitionem** tamquam per medium 2.21, 2.36
—[aliquid] est in re significata per **definitionem** sicut ratio formalis et est in re significata per definitum sicut ratio concomitans 2.41
—est falsa 'res significata per **definitionem** est res significata per definitum' 2.43
—intellectus non facit **definitionem** 7.102
—passio primo modo dicta concluditur per **definitionem** subiecti 11.14
—passio secundo modo dicta concluditur per **definitionem** passionis 11.14
—per unam **definitionem** subiecti potest concludi alia 11.32
—passio quae non egreditur a propriis principiis subiecti...non debet concludi de subiecto per **definitionem** subiecti 11.55
—**definitiones** differant per aliquid quod non dependet ab anima 1.03, 1.04
—**definitiones** differant per aliquam rem extra animam 1.05
—eiusdem rei erunt plures **definitiones** 1.13
—una res habeat [potest habere] plures **definitiones** 1.19, 11.12
—si sint plures **definitiones**, erunt plura definita 1.22, 2.26
—[**definitiones**] differunt per rationes...reales 2.27
—[**definitiones**] distinguantur per aliquid quod est in uno formaliter et in alio concomitative 2.29
—omnes **definitiones** eiusdem rei significarent idem 11.12

—aliae partes sunt definiti...partes **definitionis** 2.06
—aliud est significatum formale **definitionis** et definiti; idem tamen materialiter 2.39
—eaedem sunt partes **definitionis** et definiti 2.42
—partes **definitionis** significat primo partes definiti 7.71

DEMONSTRATIO
—**demonstratio** [facta in terminis specialibus] non pertinet ad logicum 1.24
—**demonstratio** [...] singularis 1.24, 2.32, 2.33
—[**demonstratio**] componitur ex propositionibus et ex partibus orationis 2.18
—**demonstratio** est syllogismus faciens scire 2.36
—**demonstratio** sit subiectum huius scientiae 3.00
—**demonstratio** ad impossibile...non est ex veris 5.17
—solum primus discursus [ad impossible] sit **demonstratio** 5.19
—**demonstratio** proprie dicta est syllogismus faciens scire 5.27
—**demonstratio** [facta] in scientia subalternata facit scire 5.28, 5.29
—alio modo **demonstratio** sumitur magis stricte 5.31
—**demonstratio** uno modo potest dici omnis discursus qui inducit scientiam necessariam. 5.31
—syllogismus ad impossible non est **demonstratio** nisi secundum quid 5.31
—**demonstratio** non esset ex immediatis 11.27
—**demonstratio** non esset ex prioribus 11.29
—[**demonstratio**] potissima 11.38, 11.39, 11.41, 11.43, 11.46, 11.49, 11.50, 11.52, 11.55, 11.58
—**demonstratio** est duplex 11.39
—**demonstratio** prolata 11.49
—quaedam **demonstratio** significans aliam...et quaedam...quae non ulterius significat 11.49
—[**demonstratio**] quae est signum 11.51, 11.52
—definitio est medium in **demonstratione** 1.01
—in **demonstratione** [potissima] praemissae sunt notiores conclusione 2.01, 2.37, 11.50
—de praecognitionibus quae [...] requiruntur in omni **demonstratione** 5.04, 5.08
—in **demonstratione** quam aliquis facit per se ipsum cogitando 8.27
—definitio subiecti est medium in **demonstratione** 11.25
—definitio passionis est medium in **demonstratione** 11.33
—in **demonstratione** propter quid...definitio subiecti est medium 11.39
—in **demonstratione**...quia, quae non est ex immediatis 11.43
—in **demonstratione** tamen quia...potest definitio passionis esse medium 11.43
—in **demonstratione** quae non est signum 11.50
—in **demonstratione** quae est ex immediatis 11.56
—si faciat **demonstrationem**, oportet ipsum definire 1.10
—ista principia sufficiunt ad **demonstrationem** 1.27
—propria principia quae sufficiunt ad **demonstrationem** 2.22
—logicus...utitur syllogismo demonstrativo, qui communis est...ad omnem **demonstrationem** 2.32

—mere logicus potest facere **demonstrationem** ex principiis propriis 2.34
—principia quae ingrediuntur **demonstrationem**...aliud principium...quod non 5.01
—scientia habita per **demonstrationem** habere scientiam certiorem ea 5.30
—[esse] alio modo potest certificari quam per **demonstrationem** 10.27
—**demonstrationem** in mente 11.49
—quaestio quid est et propter quid est non possunt per **demonstrationem** terminari 12.11
—in **demonstrationibus** non cadunt quaestiones 8.03
—homo naturaliter desiderat scire omnem conclusionem **demonstrationis** 4.01
—ab intellectu nostro potest naturaliter cognosci quaelibet conclusio **demonstrationis** 4.02
—omnis conclusio **demonstrationis** esset necessaria 5.20
—conclusio **demonstrationis** est necessaria 5.32
—scientia est effectus **demonstrationis** 8.03

DEMONSTRATIVUS
—oportet in **demonstrativis** credere conclusioni 8.06
—in **demonstrativis** cadunt quaestiones 8.28

DEMONSTRATOR
—[praedicatio] primo [et secundo] modo dicendi per se...qua non utitur **demonstrator** 7.05
—dialecticus interrogat, sed **demonstrator** non 8.03
—dialecticus interrogat et **demonstrator** similiter 8.04
—**demonstrator** non interrogat id quod demonstrat 8.05
—**demonstrator**...interrogat id quod postea demonstrat 8.29
—de omni, ut pertinet ad **demonstratorem** 7.02
—[tantum duo modi dicendi per se pertinent] ad **demonstratorem** 7.03, 7.94
—[quaestiones pertinentes] ad **demonstratorem** 8.18, 8.33-8.35, 9.11

DEMONSTRO
—**demonstrando** idem, utrobique convertitur 7.50
—quod quid est subiecti non potest **demonstrari** de subiecto, sed quod quid est passionis 10.16

DESCENDO
—idem **descenderet** in se ipsum 7.26
—sub termino stante pro suppositis...contingit **descendere** disiunctive 7.48
—contingeret **descendere** sub ea disiunctive 7.122

DIALECTICUS
—**dialecticus** interrogat, sed demonstrator non 8.03
—**dialecticus** interrogat et demonstrator similiter 8.04

DIFFERENTIA
—partes definitionis, genus et **differentia** 2.06
—partes metaphysicales sicut genus et **differentia** 2.42
—genus et **differentia** significant eandem rem 7.19, 7.37, 7.113

—genus et **differentia** significant eandem rem tamen alio modo et alio 7.20
—dissolutis genere et **differentia** 7.22, 7.100, 7.101
—genus et **differentia**...significant diversas res 7.22, 7.96
—si genus significaret aliam rem quam **differentia**...idem descenderet se ipsum 7.26
—genus et **differentia** significant speciem 7.37, 7.113
—genus numerus per se praedicatur de sua **differentia** 7.56
—ultima **differentia** est tota substantia rei 7.60, 7.127
—genus non [per se praedicatur de **differentia**] 7.61
—propositio in qua praedicatur genus de **differentia** nec est per se 7.62
—est **differentia**...quae denominative praedicatur et non univoce 7.65
—**differentia** importat formale [in specie] non determinando materiale 7.68
—nec genus est de intellectu **differentiae** suae divisivae, nec econtra 7.68
—[**differentia** est] inter aliquid secundum quod est **differentia** et secundum quod est forma 7.69
—**differentia**...significat totum determinando formale 7.70
—non videtur quod **differentia** primo significet totum 7.72
—compositio generis cum **differentia** 7.73
—genus per se praedicatur de **differentia** 7.89
—[genus et **differentia**] sumuntur ab eadem forma diversimode considerata 7.97
—**differentia** est formale in definitione 7.99
—oratio composita ex genere et **differentia**...significat speciem 7.113
—ultima **differentia** non significat idem quod species 7.127
—si **differentiae** conveniant in aliquo, essent compositae 7.34
—quid significetur nomine generis et quid nomine **differentiae** 7.64
—ratio **differentiae** 7.97, 7.98
—res significata per **differentiam** potest definiri 7.23
—convenit definire per primum genus et ultimam **differentiam** 7.44
—rationale non differt ab irrationali per suam **differentiam** sed per se ipsum 7.109
—rationale et irrationale haberent **differentias** 7.32
—rationale et irrationale differunt per **differentias** 7.33
—ternarius et binarius...non differunt per **differentias** 7.56
—differunt...per **differentias**, et per consequens sunt species 7.93

DIGNITAS
—tertia praecognita, scilicet subiectum, passio et **dignitas** 5.01
—de **dignitate** debet praecognosci quia est 5.01
—[an] de **dignitate** debeat praecognosci quid est 5.06

DISCERE
—asinus non **discit** artem citharizandi 3.36

DISCURSUS
—**discursus** est magis propter perfectionem 3.43
—in syllogismo ad impossibile est triplex **discursus** 5.18

DISTRIBUTIO
—[terminis primis] distributis, fit **distributio** pro omnibus [terminis] 4.04

DIVISIO
—[propositio] distinguenda est...secundum compositionem et **divisionem** 7.51
—in sensu **divisionis** 'animal per se est rationale' 7.51
—vera in sensu **divisionis** et falsa sensu compositionis 7.51
—sensus **divisionis** 7.78

DIVISIVUS
—[esse] potest certificari...per viam **divisivam** 10.27
—terminari per viam **divisivam** 10.33

DOCTOR
—aliquis esset **doctor** sui ipsius, et etiam suus discipulus 3.12
—**doctor** exterior 3.24, 3.26-3.28, 3.49
—**doctor** non aliter docet nisi proponendo signa conceptuum ordinatorum 3.25
—**doctor** est qui interius mentem illuminat et veritatem ostendit 3.27
—alia ratio est qua aliquis dicitur **doctor**, et alia qua dicitur causa doctrinae 3.45
—Dicitur enim **doctor** quia agit causando talem scientiam qualem habet 3.45
—**doctor** exterior non est causa principalis 3.49
—**doctore** extrinseco 3.25—3.26
—non solum voco doctrinam quod ab ore **doctoris** audimus, sed scripturam etiam 3.27

ENS
—Philosophus...excludit **ens** verum a sua consideratione 1.08, 1.23
—metaphysicus [...] excludit **ens** verum a sua consideratione 1.11, 1.27, 2.31
—metaphysicus...habet considerare illam rem inquantum **ens** est 1.15
—imperfectissima cognitio de aliquo est cognoscere ipsum inquantum **ens** 1.16
—passio est **ens** reale et **ens** per se 2.12
—**ens** verum est ens in anima 2.19
—determinat Philosophus de primo principio, quod est **ens** verum 2.31
—primum obiectum intellectus nostri est **ens** in sua communitate 4.02
—Deus est primum in essendo...**ens** et unum in cognoscendo 6.09
—**ens** est notissimum et quod primo occurit intellectui nostro 7.25
—illa res significata per **ens** sit prima causa vel causatum 7.27
—**ens** per se praedicatur de differentia 7.61
—si illa res [significata per **ens**] sit quiddam causatum...aliquod causatum necessario est coaeternum primo 7.107
—'**ens**' derivatum ab 'esse' 10.26
—**ens** participium...[et] **ens** nomen 10.26
—logicus considerat de **ente** vero 1.08. 1.23, 2.31
—Philosophus...considerat de **ente** vero 1.14
—fiat distinctio [solum] pro **ente** reali 2.28, 2.40
—de non **ente**, quod nullo modo est **ens** in genere 8.34
—**entia** specialia 1.15
—sub termino medio divisionis ipsius **entis**...sub **ente** vero 2.53

ESSE
—*esse* subiective...*esse* obiective 2.53
—*esse* existere 5.10, 8.25
—*esse* in suis causis 5.10
—*esse* non prohibitum 5.10
—*esse* praecognitum de subiecto 5.10
—*esse* scibile 5.10
—*esse* praedicabile 8.25
—*esse* non sit diversum ab eo cuius est 10.01, 10.02
—*esse* eius habet **esse** 10.03
—quodlibet quod nunc est et nunquam prius fuit, habet **esse** 10.03
—*esse* est notissimum de re 10.04
—si **esse** esset quaeribile, esset demonstrabile 10.05
—*esse* habet **esse** 10.25
—in aliquo citra primum **esse** nullo modo differat ab eo cuius est 10.25
—'ens' derivatum ab '**esse**' 10.26
—*esse* non est notissimum de re 10.26
—[esse] potest certificari...per viam divisivam 10.27
—non oportet quod **esse** demonstretur de aliquo 10.27

EXPRESSE
—definitio composita...**expresse** et distincte importet totam essentiam definiti 11.48
—conceptus vel voces significant **expresse** principia rei definitae 11.52
—importatur natura speciei **expresse** 11.52
—haec oratio **expresse** significat 11.53

EXTREMUM
—pars **extremi** non supponit pro aliquo in illo extremo 7.122

FICTITIUM
—**fictitium** intellectus 1.03

FORMA
—partes...definiti, sicut materia et **forma** 2.06
—partes naturales sicut materia et **forma** 2.42
—rationale est...una **forma** secundum rationem 7.30

FORMALE
—significatum **formale** definitionis et definiti 2.39
—est aliquid praeter genus et differentia quod est **formale** in definitione 7.22
—id quod per se includit **formale** in aliquo per se includit id cuius est **formale** 7.40
—differentia importat **formale** non determinando materiale 7.68
—genus significat totum determinando materiale, sed expectando **formale**; sed differentia [econverso] 7.70
—rationale est **formale** in homine, sed non est **forma** hominis 7.110
—ultima differentia est **formale** in specie 7.127

—una definitio solum differt ab alia per rationem **formalem** 2.28
—sub alia ratione **formali** 2.38, 2.43
—ratio **formalis** 2.27—2.31, 2.41
—genus de suo primo significato importat materiale in specie absque determinatione sui **formalis** 7.67

GENUS
—duplex est cognitio rei, scilicet in **genere** et extra **genus** 6.14
—dissolutis **genere** et differentia 7.22, 7.100, 7.101
—oratio composita ex **genere** et differentia...significat speciem 7.113
—animal non significat unum numero, sed unum **genere** 7.131
—utrum [significatum **generis**]...sit res divisibilis vel indivisibilis 7.38
—quid significetur nomine **generis** et quid nomine differentiae 7.64
—compositio **generis** cum differentia 7.73
—ratio **generis** 7.97, 7.98
—identitas **generis** et etiam speciei est duplex 7.132
—partes definitiones, **genus** et differentia 2.06
—aut est **genus** separatum aut **genus** ordinatum 2.14
—partes metaphysicales sicut **genus** et differentia 2.42
—**genus** et differentia significant eandem rem 7.19, 7.37, 7.113
—**genus** et differentia significant eandem rem tamen alio modo et alio 7.20
—**genus** et differentia...significant diversas res 7.22, 7.96
—res significata per **genus**...potest definiri 7.23
—si **genus** significaret aliam rem quam differentia...idem descenderet se ipsum 7.26
—substantia quae **genus** est, est...composita 7.29
—**genus** et differentia...significant speciem 7.37, 7.113
—res significata per [**genus**] animal sit indivisibilis 7.39
—**genus** generalissimum 7.42, 7.103, 7.105, 8.42
—convenit definire per primum **genus** et ultimam differentiam 7.44
—**genus** numerus per se praedicatur de sua differentia 7.56
—**genus** non [per se praedicatur de differentia] 7.61
—propositio in qua praedicatur **genus** de differentia nec est per se 7.62
—**genus**...importat materiale in specie absque determinatione sui formalis 7.67
—nec **genus** est de intellectu differentiae suae divisivae, nec econtra 7.68
—animal dupliciter consideratur: uno modo...est pars...alio modo...est **genus** 7.69
—differentia est inter aliquid secundum quod est **genus** et secundum quod est materia 7.69
—**genus** significat totum determinando materiale 7.70
—quod **genus** primo signicet partem speciei 7.71
—animal uno modo est **genus** hominis et alio modo est pars 7.76
—**genus** per se praedicatur de differentia 7.89
—[**genus** et differentia] sumuntur ab eadem forma diversimode considerata 7.97
—substantia quae est **genus** est non contracta...ad corpoream et incorpoream 7.105
—illa res quae est **genus**...est non corporea 7.106

—genus subalternum 8.42

IDEM
—sunt totaliter **idem**, si **idem** demonstretur utrobique 7.78

IDENTITAS
—[**identitas** numeralis est] maxima **identitas** 7.129
—**identitas** generis et etiam speciei est duplex 7.132
—res significata per 'animal' est eadem sibi **identitate** numerali 7.129

IDIOMA
—tale **idioma** per hoc non addiscit 3.15
—aliquis addiscit **idioma** de novo 3.48

INDIVIDUUM
—**individuum** in aliquo genere non est propria passio alicuius speciei illius generis 2.14

INDUCTIO
—patet **inductione** 2.12

ILLUSTRATIO
—ex speciali **illustratione** primae causae 4.08
—scire et intelligere...egent speciali **illustratione** 4.09

INSOLUBILIS
—haec est **insolubilis** '"homo est" est' 5.35

INTELLIGIBILIS
—**intelligibilium** habentium ordinem ita quod postremum natum est cognosci per praecedens 4.08

INTELLECTUS
—ab **intellectu** nostro potest naturaliter cognosci quodlibet contentum sub ente 4.02
—cognoscere omnes causas...ex quibus nata est res cognosci ab **intellectu** nostro 6.10
—sensui non est aliqua cognitio supernaturalis necessaria...ergo nec **intellectui** 4.03
—ens est notissimum et quod primo occurit **intellectui** nostro 7.25
—ex parte **intellectus** 2.02, 2.04, 2.37
—**intellectus** est virtus perfectior quam sensus 3.11
—discursus [**intellectus**] est magis propter perfectionem 3.43
—**intellectus** (agens)...et **intellectus** possibilis 4.06
—non...habet **intellectus** naturaliter iudicat an sit verum vel non 4.11
—quodlibet contentum sub obiecto **intellectus** potest cognosci ab **intellecto** prima operatione **intellectus** 4.11
—**intellectus**...noster natus est devenire in cognitionem rei ex aliquo primo quod est quasi principium 6.09

—intellectus primi est natus cognoscere rem ex omnibus causis 6.09
—intellectus non facit definitionem 7.102
—iudicare et definire sunt operationes **intellectus** 7.102

INTENTIO
—logicus definit rem de qua considerat sub aliqua **intentione** secunda 1.17
—logicus illam definit sub aliqua **intentione** secunda 2.23, 2.26

LOGICA
—logica est una scientia distincta ab aliis scientiis 1.09, 1.26, 2.22
—logica...habet distincta principia et propria 1.09, 2.22
—[logica] habet principia
—metaphysica praesupponit **logicam** 1.07

LOGICUS
—alia erit definitio data a metaphysico et a **logico** 1.17
—demonstratio [facta in terminis specialibus] non pertinet ad **logicum** 1.24
—logicus haberet considerare rem in eo quod quid 1.01
—logicus...suam definitionem capit a metaphysico 1.06
—logicus considerat de ente vero 1.08, 1.23
—metaphysicus non habe[a]t definire rem de qua considerat **logicus** 1.08, 1.23, 1.27
—logicus...erit metaphysicus 1.10
—mere **logicus** potest definire rem de qua considerat 1.11, 1.15,
—[metaphysicus et **logicus**] circa idem laborant 1.13, 1.75, 2.31
—metaphysicus et **logicus**...habent definire idem 1.13
—[logicus definit rem de qua considerat] sub aliqua intentione secunda 1.17, 2.23, 2.26
—[logicus debet] uti terminis communibus 1.24, 2.32
—logicus est artifex communis 1.24, 2.32
—logicus considerat de modo sciendi et de via ad scientiam 1.25, 2.35
—mere **logicus** habet propriam passionem et proprium subiectum et propriam definitionem 1.27
—mere **logicus** habet propria principia quae sufficiunt ad demonstrationem 2.22
—logicus non habet respondere...nisi per unam responsionem et determinatam, et metaphysicus per aliam 2.25
—logicus et metaphysicus eandem rem possent definire 2.31
—logicus...utitur syllogismo demonstrativo 2.32
—logicus utitur terminis specialibus 2.32
—mere **logicus** potest habere scientiam demonstrativam 2.34

MAGISTER
—**magister** per suam scientiam generaret novam scientiam in anima discipuli 3.17

MAIOR
—**maior** prius tempore cognoscitur quam conclusio 5.11

—cognoscitur **maior** in particulari 5.12
—eadem res significatur per conclusionem et per **maiorem** 11.11
—**maior** propositio non est notior quam conclusio 11.19
—**maior** propositio est per se quarto modo 11.20
—medium...esset ignotius quam **maior** extremitas 11.36
—**maior** est notior quam conclusio 11.59
—res significata per **maiorem** 11.11

MATERIA
—partes...definiti, sicut **materia** et forma 2.06
—partes naturales sicut **materia** et forma 2.42

MEDIUM
—omnis quaestio est quaestio **medii** 9.06, 12.06, 12.08, 12.09, 12.15
—reducuntur omnes quaestiones...ad quaestionem **medii** 12.08
—quid est est quaestio **medii** 12.14
—habito **medio**, cessat omnis quaestio 12.10
—per definitionem tamquam per **medium** 2.21, 2.36
—**medium** est prius notum quam conclusio 10.05
—definitio [quae est **medium**] est definitio subiecti 10.15
—definitio quae est **medium** non potest demonstrari 10.17
—**medium** est notius conclusione 10.28
—definitio subiecti non est **medium** 11.03, 11.22
—**medium** demonstrationis est causa passionis 11.13
—[**medium** in demonstratione est] ratio primi termini 11.17, 11.56
—si definitio subiecti esset **medium**...esset petitio principii 11.18
—**medium** in demonstratione debet esse magis notum quam passio 11.21
—**medium** in demonstratione debet esse unigenium cum passione 11.22
—**medium** in demonstratione debet esse **medium** in natura 11.23, 11.62
—definitio [...] subiecti est **medium** in demonstratione 11.25, 11.40
—si definitio passionis esset **medium**...esset petitio principii 11.31
—definitio passionis est **medium** in demonstratione 11.33
—**medium**...esset ignotius quam maior extremitas 11.36
—si definitio passionis esset **medium**, demonstratio non foret ex immediatis 11.37
—non est **medium** in demonstratione potissima de quo contingit quaerere propter quid 11.38
—In demonstratione propter quid...definitio subiectio est **medium** 11.39
—**medium** et causa sunt idem 11.40, 12.09
—definitio passionis non est **medium** 11.42
—In demonstratione tamen quia...potest definitio passionis esse **medium** 11.43
—**medium** est causa cognitionis 11.52
—**medium** et passio debent esse unigenia 11.61
—ante omnem quaestionem supponitur **medium** 12.01
—non est aliqua quaestio quaerens si est **medium** 12.02
—quaestio quid est quaereret **medium** 12.03

—quaestio si est et quaestio quia est utraque quaerit utrum sit aliquod **medium** 12.07
—tam quaestio quid est quam quaestio propter quid est quaerit quid est **medium** 12.07
—non in omni quaestione supponitur **medium** esse 12.12
—omnis quaestio quaerit **medium** per quod aliud debet demonstrari 12.15

METAPHYSICUS
—consideratio ipsius **metaphysici** 1.01, 1.15, 1.16
—logicus...suam definitionem capit a **metaphysico** 1.06
—alia erit definitio data a **metaphysico** et a logico 1.17, 2.23
—**metaphysicus** non habe[a]t definire rem de qua considerat logicus 1.08, 1.23, 1.27
—erit **metaphysicus**...non erit mere logicus 1.10
—**metaphysicus** excludit ens verum a sua consideratione 1.11, 1.27, 2.31
—[**metaphysicus** et logicus] circa idem laborant 1.13, 1.15, 2.31
—**metaphysicus** et logicus...habent definire idem 1.13
—**metaphysicus**...habet considerare illam rem inquantum ens est 1.15
—**metaphysicus** non habet definire ista entia specialia 1.15
—**metaphysicus** definit rem in eo quod quid 1.17
—**metaphysicus** praesupponit logicam 1.27
—**metaphysicus** definit [...] illam rem inquantum quid est 2.23, 2.26
—logicus non habet respondere...nisi per unam responsionem et determinatam, et **metaphysicus** per aliam 2.25
—logicus et **metaphysicus** eandem rem possent definire 2.31
—naturalis et **metaphysicus** non considerarent eandem rem diversimode 11.12

MINOR
—**minor**...simul tempore cognoscitur cum conclusione 5.11
—**minor** non esset magis per se quam conclusio 11.29

NATURA
—**natura** non deficit in necessariis 3.10, 3.42, 4.03, 4.12
—**natura** dedit animae potentias naturales per quas potest scientiam acquirere 3.42
—illa potentia est frustra in **natura** quae non potest reduci ad actum per aliquid in **natura** 4.07
—ars communicat **naturae** 3.25
—ex dignitate **naturae** 4.06

NATURALIS
—desiderium **naturale** non est ad impossibile 3.20, 4.01
—est **naturale** intellectui aquirere scientiam discurrendo 3.41
—desiderium **naturale** non est frustra 4.10
—inter res **naturales** homo sit quiddam perfectissimum, et tamen...nullam perfectionem habeat 4.09
—quodlibet contentum sub primo obiecto **naturali** alicuius potentiae est per se obiectum illius potentiae 4.02

—cuilibet potentiae passivae **naturali** correspondet potentia activa **naturalis** 4.07
—per principia **naturalia** potest in cognitionem [conclusionum demonstrationum] 4.01
—homo posset ex puris **naturalibus** tot cognoscere quot prima causa novit 4.05
—aliqua...possunt cognosci ex pure **naturalibus** et aliqua non 4.08
—[in credibilibus] non contingit hominem scire aliquid ex pure **naturalibus** 4.08
—caeteri agant suas actiones ex pure **naturalibus**...propter imperfectionem 4.09
—desiderat homo scire...solum illam in quam potest ex pure **naturalibus** 4.10
—potest homo ex pure **naturalibus** in cognitionem omnium quae sunt necessaria in quantum est unum ens **naturale** 4.12

NATURALITER
—potentia naturalis potest **naturaliter** in suam operationem 3.09, 3.41
—ad citharizandum est **naturaliter** dispositus 3.36
—**naturaliter** est habilitatus ad id ad quod movetur 3.37
—ab intellectu nostro potest naturaliter cognosci...quaelibet conclusio demonstrationis 4.02
—ab intellectu nostro potest **naturaliter** cognosci quodlibet contentum sub ente 4.02
—**naturaliter** intelligimus prima principia 4.04
—qui potest cognoscere aliquod principium **naturaliter**, potest **naturaliter** cognoscere omnem conclusionem contentam in illo 4.04
—ista duo [intellectus agens et intellectus possibilis] **naturaliter** sunt in anima 4.06
—non...habet intellectus **naturaliter** iudicare an sit verum vel non 4.11

NECESSARIUS
—scientia est **necessaria** homini 3.10
—sensui non est aliqua cognitio supernaturalis **necessaria**...ergo nec intellectui 4.03
—cognitionem omnium quae sunt **necessaria** in quantum est unum ens naturale 4.12
—[in quantum est unum ens naturale] non est **necessaria** cognitio cuiuslibet in credibilibus 4.12
—omnis conclusio demonstrationis esset **necessaria** 5.20
—homo posset 〈aquirere〉 cognitionem sibi **necessariam** ex pure naturalibus 4.06
—natura non deficit in **necessariis** 4.03, 4,12
—agente et patiente, sequitur **necessario** actio 4.06
—per accidens...secundum quod opponitur **necessario** 7.118
—'per accidens'...prout distinguitur contra '**necessarium**' 7.12
—nihil est vere scibile nisi **necessarium** 8.10

NOTA
—**nota** quaerendi quaestionem 9.04
—**nota** terminandi quaestionem 9.04

NOTIOR
—eadem res erit **notior** se ipsa 2.04
—res significata per definitionem est **notior** re significata per definitum 2.07

—eadem res sub una consideratione reali sit **notior** se ipsa sub alia consideratione 2.38
—definitio est **notior** definito 11.08
—**notior**...non ratione vocis 11.08
—nec valet...quod idem uno modo est **notior** se ipso alio modo 11.10
—res significata per conclusionem sit **notior** quam res significata per praemissam 11.11
—in demonstratione [potissima] praemissae sunt **notiores** conclusione 2.01, 2.37, 11.50
—quidlibet habens aliquid **notius** eo potest describi 7.25, 7.104
—id quo nihil est **notius** non potest describi 7.104
—aliquid uno modo potest esse **notius** se ipso alio modo 11.07
—idem nunquam est **notius** se ipso 11.51

NOTIORITAS
—**notioritas** aut est ex parte vocis, aut ex parte intellectus, aut ex parte rei 2.02, 2.37
—[**notioritas**] est ex parte rei 2.03, 2.37
—tota **notioritas** est ex parte signorum et non ex parte rei significatae 11.52
—**notioritas** non debet attendi penes voces signigicantes vel penes alia signa 11.53

NOTITIA
—**notitia** est duplex, scilicet sensitiva et intellectiva 3.38

NOTUS
—Si proponantur **nota**, adhuc non addiscit 3.15
—proponantur signa **nota**, res significatae sunt **notae** 3.16
—primo prima principia per se **nota** proponendo [discipulo] ⟨deinde⟩ conclusiones 3.25
—in principio omnia sunt **nota** in universali et ignota sub formis propriis 3.35
—sunt **notae** quoad aliquid 3.48
—fit **notum** quod talia sunt signa talium 3.48

NUGATIO
—nec est **nugatio** etsi procedatur in infinitum 5.35
—in tali definitione est **nugatio** 11.01

ORATIO
—**oratio** composita ex genere et differentia...significat speciem 7.113
—res extra sit pars **orationis** 2.52

PARS
—**pars** non vere praedicatur de toto 7.43
—animal dupliciter consideratur: uno modo...est **pars**...alio modo...est genus 7.69
—rationale sic est **pars** formalis 7.70
—**pars** non vere praedicetur de toto 7.73

—genus sit pars speciei 7.76
—aliquid dicitur esse pars alterius multipliciter:...pars quantitativa...pars subiectiva ...pars naturalis 7.77
—idem respectu eiusdem potest esse pars et totum 7.77
—aliquid esset pars quantitativa sui ipsius 7.114
—pars extremi non supponit pro aliquo in illo extremo cuius est pars 7.122
—rationale significat idem quod homo, aut...partem illius 7.43
—partes definiti...partes definitionis 2.06. 2.42
—partes naturales et partes metaphysicales 2.42
—illa quae habent omnes partes easdem non differunt 7.56
—partes definitionis significant primo partes definiti 7.71
—ex partibus sufficienter constituentibus totum 7.30
—species constituitur...ex partibus quidditativis...ex partibus naturalibus 7.111
—non ratione sui, sed ratione suarum partium 5.06

PASSIO
—passio est ens reale et ens per se 2.12
—passio et subiectum sunt alterius generis 2.12, 2.13
—potest subiectum et passio esse in eodem genere 2.13
—[passio] aut...est individuum, aut species, aut genus, aut differentia 2.14
—passio non est in genere nisi per reductionem 2.16
—passio non habet reduci ad speciem cuius est passio 2.17
—syllogismus demonstrativus est quando concluditur propria passio de [proprio] subiecto 2.21, 2.36
—tertia praecognita scilicet, subiectum, passio et dignitas 5.01
—de nullo per se praedicatur passio subiecti 7.83
—passio potest dupliciter considerari: vel in se et absolute, vel secundum quod inhaeret subiecto 9.03, 10.14
—propositio...in qua passio praedicatur de definitione subiecti non est immediata 11.03
—passio quae non habet causam in subiecto 11.13
—duplex est passio 11.14
—passio primo modo dicta concluditur per definitionem subiecti 11.14
—passio...quae egreditur ex principiis intrinsecis subiecti 11.14
—passio secundo modo dicta concluditur per definitionem passionis 11.14
—[passio quae] non egreditur a principiis propriis 11.15, 11.55
—passio secundo modo dicta non concludatur per definitionem passionis 11.15
—quaedam est passio quae per se inest subiecto 11.33
—alia est passio quae per se inest, sed...suum subiectum est determinati generis 11.34
—alia est passio cuius inhaerentia ad subiectum non est per se nota 11.35
—una passio potest concludi per aliam 11.35
—concluditur passio sequens per passionem primam 11.44
—De passione debet praecognosci quid significatur per nomen 5.01
—an [quia est] debeat praecognosci de passione 5.08
—[quaestiones] quia et propter quid sunt de passione 9.01

—de passione...contingit dupliciter quaerere 9.02
—omnes istae [quatuor] quaestiones quaeruntur de **passione** 9.03
—de **passione** debet quaeri si est 10.07
—de **passione** debent ista [quatuor quaestiones] quaeri 10.13
—nullum subiectum habet **passionem** 2.12
—eadem ratione qua una species habet **passionem**, et alia habebit 2.15
—species quae per se est in genere habet **passionem** 2.16
—non omnis species habet **passionem** 2.48
—praecognoscere **passionem** subiecto inesse 5.08, 5.09
—subiectum potest derelinquere suam propriam **passionem** 5.20
—subiectum...non magis determinatur ad unam **passionem** quam ad aliam 5.22
—subiectum...ratione formae efficit suam **passionem** 5.22
—subiectum ratione materiae recipit suam **passionem** 5.22
—subiectum...determinat sibi talem **passionem** 5.33
—non est idem **passionem** esse et **passionem** inesse subiecto 10.31
—duplices sunt **passiones** 11.33
—**passionis** esse est inesse subiecto 5.08
—subiectum se habet respectu suae **passionis** in ratione causae materialis 5.20
—subiectum respectu suae **passionis** habet rationem causae efficientis 5.21
—subiectum respectu suae **passionis** se habet in duplici genere cause 5.32
—subiectum...est causa efficiens esse [**passionis**] 5.33
—subiectum est in actu et in potentia respectu suae propriae **passionis** 5.36
—definitio subiecti non est causa **passionis** 11.02
—illa propositio non est immediata in qua definitio **passionis** praedicatur de subiecto 11.16
—definitio **passionis** non est causa **passionis** 11.24
—quaelibet definitio **passionis** est proprium accidens alicuius subiecti 11.42

PER ACCIDENS
—doctor exterior non [est causa] nisi **per accidens** 3.26, 3.27
—**per accidens** dicitur tripliciter 7.12, 7.118
—**per accidens** [tertio modo]...et per se non opponuntur 7.12
—quaelibet negativa est **per accidens** [tertio modo] 7.12

PER SE
—aut **per se** aut per reductionem 2.17
—ratio interior est **per se** causa [acquirendi scientiam] 3.26
—quodlibet contentum sub primo obiecto naturali alicuius potentiae est **per se** obiectum illius potentiae 4.02
—in omni dicendi **per se**...vel praedicatum est causa subiecti vel econtra 7.03
—primo modo dicendi **per se** praedicatur definitio de definito 7.03
—secundo modo [dicendi **per se**] praedicatur passio de subiecto 7.03
—[tantum duo modi dicendi **per se** pertinent] ad demonstratorem 7.03, 7.94
—non sunt dicendi **per se**...tertius modus...et quartus modus 7.04
—quartus modus [ipsius **per se**] est modus causandi 7.04

—[tertius modus ipsius **per se**] est modus essendi 7.04, 7.07
—[praedicatio] primo [et secundo] modo decendi **per se**...qua non utitur demonstrator 7.05
—[tertius modus ipsius] **per se**...excludit causam 7.06
—tres modi dicendi **per se**, scilicet primus et secundus et quartus 7.07
—[primus, secundus et quartus modi] accipiuntur secundum quod li 'per' denotat circumstantiam causalem 7.08
—praedicatur passio de subiecto...**per se** secundo modo et etiam quarto 7.09
—propositio in qua praedicatur passio de subiecto est **per se** secundo modo et etiam quarto modo 7.09
—qualiter isti modi [ipsius **per se**] pertinent ad demonstrationem 7.10
—omnis immediata est **per se** vera 7.11
—quaedam negativae sunt **per se** 7.11
—'per accidens' [prout distinguitur contra '**per se**'] 7.12, 7.118
—per accidens [tertio modo]...et **per se** non opponuntur 7.12
—rationale **per se** est substantia 7.28
—hoc rationale **per se** est animal 7.35
—[animal] **per se** includitur in aliquo rationali 7.36
—omne quod est **per se** in genere quantitatis [...] est quantitas continua vel [...] discreta 7.39, 7.116
—id quod **per se** includit formale in aliquo **per se** includit id cuius est formale 7.40
—rationale **per se** est sensibile 7.40, 7.117
—genus generalissimum **per se** praedicatur de rationali 7.42
—'substantia rationalis' **per se** includit animal 7.44
—hoc totum 'substantia rationalis' non **per se** includit animal 7.45
—animal **per se** est rationale 7.49
—rationale **per se** est aptum natum sentire 7.54
—genus numerus **per se** praedicatur de sua differentia 7.56
—genus non [**per se** praedicatur de differentia] 7.61
—propositio in qua praedicatur genus de differentia nec est **per se** 7.62
—'rationale **per se** est animal'...est absolute vera 7.78
—haec sit vera 'nihil **per se** est animal' 7.80
—de nullo **per se** praedicatur passio subiecti 7.83
—per se praesupponit de omni 7.85
—esset haec vera 'album **per se** est animal' 7.86
—genus **per se** praedicatur de differentia 7.89
—propositio sit **per se** vera in qua praedicatur genus de differentia 7.90
—illa propositio sit **per se** in qua praedicatur genus de differentia 7.91
—'per se' designat...qualitatem propositionis pertinentis ad demonstratorem 7.91
—propositio est **per se** enuntiando qualitatem propositionis de propositione 7.91
—haec non sit **per se** 'rationale est animal' 7.92
—esset **per se**...'irrationale est animal' 7.93
—tam...in primo modo [**per se**] quam secundo subicitur species 7.94
—in omni propositione **per se** oportet quod subiectum sit de intellectu praedicati vel econtrario 7.95

—nulla propositio est **per se** in qua aliquod inferius ad praedicatum praedicatur de eodem subiecto 7.108
—propositio non est **per se** in qua numerus praedicatur de sua differentia 7.126
—est conclusio **per se** [secundo modo] 11.19
—maior propositio est **per se** quarto modo 11.20
—hic est secundus modus dicendi **per se**, ergo in subiecto est causa praedicati 11.24
—talis propositio non est immediata...nam talis propositio non est **per se** primo modo 11.27
—omnis propositio **per se** secundo modo est mediata 11.28
—minor non esset magis **per se** quam conclusio 11.29
—tam maior quam conclusio sit solum **per se** secundo modo 11.59

PERSEITAS
—perseitas in propositione est ratio rerum significatarum per terminos 7.43
—nota perseitatis 7.79

PETITIO
—si definitio subiecti esset medium...esset **petitio** principii 11.18
—si definitio passionis esset medium...esset **petitio** principii 11.31
—a definitione ad definitum est **petitio** principii 11.58
—huiusmodi propositiones dicuntur **petitiones** 11.34

POTENTIA
—**potentia** naturalis potest naturaliter in suam operationem 3.09, 3.41
—sibi tamen acquiritur scientia secundum quod est in **potentia** ad scientiam quam acquirit 3.47
—illa **potentia** est frustra in natura quae non potest reduci ad actum per aliquid in natura 4.07
—**potentiae** naturales per quas potest acquiri cognitio omnium intelligibilium 4.07
—**potentia** multis modis dicitur 5.36
—in anima sunt tot **potentiae** et tot habilitates quot scientiae seu notitiae possunt acquiri 3.35
—quodlibet contentum sub primo obiecto naturali alicuius **potentiae** est per se obiectum illius potentiae 4.02
—cuilibet **potentiae** passivae naturali correspondet **potentia** activa naturalis 4.07
—aliquando principium agens intra...sine adiutorio exterioris agentis potest deducere **potentiam** ad actum, et aliquando...non 3.23

PRAECOGNITIO
—**praecognitio**...quid est, est quid nominis 5.04
—respectu eiusdem non potest aliquid esse quaestio et **praecognitio** 8.23
—quid nominis est **praecognitio** 8.24, 8.26
—duae **praecognitiones**, scilicet quid est et quia est 5.01
—de **praecognitionibus** quae [...] requiruntur in omni demonstratione 5.04, 5.08
—quae istarum **praecognitionum** sit prior 5.07

PRAECOGNITUM
—tertia **praecognita**, scilicet subiectum, passio et dignitas 5.01

PRAEDICAMENTUM
—de aliis praedicamentis 2.17

PRAEDICO
—'est'in quaestione **praedicet** secundum adiacens vel tertium 10.24
—genus generalissimum per se **praedicatur** de rationali 7.42
—pars non vere **praedicatur** de toto 7.43, 7.73
—ens per se **praedicatur** de differentia 7.61
—genus non [per se **praedicatur** de differentia] 7.61
—propositio in qua **praedicatur** genus de differentia nec est per se 7.62
—est differentia...quae denominative **praedicatur** et non univoce 7.65
—'est' **praedicari** tertium adiacens...[vel] secundum 10.21

PRAEMISSA
—habitudo quae est inter **praemissas** et conclusiones 5.13

PRIMUS
—'per accidens'...prout distinguitur contra '**primo**' 7.12, 7.118
—cui primo inest aptitudo ad sentiendum 7.54, 7.55
—est universale idem quod **primum** 7.14
—'primum' dicitur dupliciter quoad propositionem:...primitate causalitatis et...primitate adaequationis 7.17

PRINCIPIUM
—ista **principia** sufficiunt ad demonstrationem 1.27
—propria **principia** quae sufficiunt ad demonstrationem 2.22
—prima **principia** 3.25, 3.43, 4.04
—per **principia** naturalia potest in cognitionem [conclusionum demonstrationum] 4.01
—naturaliter intelligimus prima **principia** 4.04
—**principia** quae ingrediuntur demonstrationem; ...aliud **principium**...quod non 5.01
—**principia** [in scientia subalternata]...non sunt certa 5.14
—**principia** in scientia subalternata sunt certa 5.15
—**principia** scientiae subalternatae...non sunt ita certa sicut et **principia** scientiae subalternantis 5.28
—scientia subalternata non omnino supponit sua **principia** a superiori scientia 5.29
—eadem sunt **principia** essendi et cognoscendi 6.02, 6.12
—conceptus vel voces significant expresse **principia** rei definitae 11.52
—cognitio conclusionis non dependet nisi ex cognitione **principii** et deductione 4.04
—demonstratio facta ex **principiis** propriis 1.24, 2.32
—mere logicus potest facere demonstrationem ex **principiis** propriis 2.34
—notitia intellectiva duplex, scilicet conclusionis et **principiorum** 3.38
—cognitionem priorum **principiorum** speculabilium 4.08

—via sensus et experientiae [ad probationem **principiorum** scientiae subalternatae] 5.29
—primum **principium** habet terminos communissimos 4.04

PROBATIO
—**probatio** circularis 5.27

PROPOSITIO
—ista **propositio**: 'cauda leonis est caput draconis' esset chimera 2.18
—[**propositio**] non componitur ex rebus...nec...ex partibus orationis 2.18
—**propositio** potest accipi materialiter ex quibus componitur 2.49
—[**propositio**] primo modo dicta componitur ex rebus 2.49
—[**propositio**] secundo modo dicta componitur ex vocibus significativis 2.49
—[**propositio**] tertio modo accepta componitur ex conceptibus 2.49
—sua opposita [**propositio**] est falsa 7.50
—[**propositio**] distinguenda est...secundum compositionem et divisionem 7.51
—illa **propositio** sit per se in qua praedicatur genus de differentia 7.91
—**propositio** est per se enuntiando qualitatem **propositionis** de **propositione** 7.91
—**propositio** et quaestio sunt eadem 8.13
—haec [**propositio**]...est quaestio 8.37
—nulla **propositio** determinate quaeritur 8.41
—illa **propositio** quaeritur per quam contingit convenientissime respondere 8.42
—**propositio**...in qua passio praedicatur de definitione subiecti non est immediata 11.03
—**propositio** non est immediata in qua definitio passionis praedicatur de subiecto 11.16
—omnis **propositio** per se secundo modo est mediata 11.28
—**propositio**...est per se nota, notis terminis 11.33
—talis **propositio** dicitur communis conceptio 11.33
—quaelibet **propositio** in qua definitio passionis praedicatur de subiecto est demonstrabilis 11.41, 11.42
—**propositio** in qua talis passio [prima] praedicatur de subiecto debet esse immediata 11.44
—**propositio** in mente et...in prolatione 11.49
—haec sequitur ex necessaria ⟨**propositione**⟩ 7.41
—accipiendo **propositionem** simplicem talem inter cuius subiectum et praedicatum non est diversitas 8.32
—res significata per unam [**propositionem**] est notior quam res significata per aliam 11.10
—**propositiones** demonstrativae habent speciales conditiones 7.91
—multae **propositiones** sub disiunctione 8.41
—**propositiones** non significant nisi quia termini significant 11.03
—huiusmodi **propositiones** dicuntur petitiones 11.34
—[demonstratio] componitur ex **propositionibus** et ex partibus orationis 2.18
—ad veritatem indefinitae ⟨**propositionis**⟩ 7.78
—nulla formalis singularis huius [**propositionis**] est vera 7.81

QUAERO
—'quid est homo'...nullam [propositionem] **quaerit** 8.15
—aliquando **quaerimus** de non ente 8.09
—alicubi **quaeritur** aliquid ubi non **quaeritur** aliquid de aliquo 8.16
—sic dicto 'quid est homo' nulla propositio determinate **quaeritur** 8.41
—illa proposito **quaeritur** per quam contingit convenientissime respondere 8.42
—diversum de diverso [**quaeritur**] 9.08, 10.01
—quod quid est subiecti non **quaeritur** de subiecto, sed quod quid est passionis 10.19
—potest **quaeri**...quod tamen non potest proprissime sciri 8.18
—idem uno modo potest **quaeri** de se ipso alio modo 10.35
—omne **quaeribile** est vere scibile 8.19, 8.20
—omne **quaeribile** est demonstrabile 10.05

QUAESTIO
—una **quaestio** uno modo habet terminari 1.18
—una **quaestio** determinata et certa quaerit certam responsionem 1.19
—una **quaestio** uno modo debet determinari ab uno, sed...diversimode...a diversis 2.25
—scientia est de conclusione demonstrationis et **quaestio** non 8.03
—**quaestio** non est de conclusione 8.06
—**quaestio** non est nisi de dubio 8.06
—de simplicibus...non est **quaestio** 8.07
—nulla **quaestio** est scibilis 8.12
—nulla **quaestio** est vera 8.12
—omnis **quaestio** est quaeribilis 8.12, 8.36
—propositio et **quaestio** sunt eadem 8.13
—de quolibet dubio quod potest esse notum, potest esse **quaestio** 8.19
—respectu eiusdem non potest aliquid esse **quaestio** et praecognitio 8.23
—quid rei est **quaestio** 8.24
—de eis [simplicibus] est **quaestio** 8.31
—de non ente...non fit **quaestio** pertinens ad demonstrationem 8.34
—quaedem est **quaestio** exercita et quaedam concepta 8.36
—**quaestio** concepta dicitur propositio dubia cuius cognitio quaeritur 8.36
—**quaestio**...concepta est scibilis 8.36
—**quaestio** est duplex: quaedam est **quaestio** exercita et quaedam concepta 8.36
—**quaestio** exercita dicitur oratio in qua ponitur nota quaerendi 8.36
—[**quaestio** exercita] nec est vera nec falsa 8.36
—haec [propositio]...est **quaestio** 8.37
—**quaestio** exercita non potest sciri 8.38
—aliquid dicatur **quaestio**...de duplici causa 8.40
—de subiecto non fit **quaestio** 9.03
—omnis **quaestio** est complexi seu compositi 9.04
—**quaestio** ponens in numerum et quaestio non ponens in numerum 9.04
—omnis [non omnis] **quaestio** pertinens ad demonstratorem potest terminari per demonstrationem 9.05, 10.33

—quaestio quid est non potest terminari per demonstrationem 9.05
—omnis quaestio est quaestio medii 9.06, 10.34, 12.06, 12.08, 12.09, 12.15
—quaestio quid est...esset quaestio medii 9.06
—omnis quaestio quaerit diversum de diverso 9.08
—omnis quaestio vel est simplex vel composita 9.09
—quaestio quid est et quaestio propter quid est idem quaerunt 9.09, 10.34
—quaestio quid est nec est simplex nec composita 9.09
—quaestio quaerens quale est vel quantum est 9.10
—quaestio quaerens qualiter praedicatum inhaeret subiecto 9.10
—quaestio si est esset quaestio ponens in numerum 10.01
—quaestio si est est quaestio simplex 10.01
—quaestio quid est praesupponit quaestionem si est 10.05
—quaestio si est et quaestio quia est non differrent 10.08
—quaestio quid est est quaestio simplex 10.20
—si est non est quaestio composita 10.24
—quaestio si est et quaestio propter quid est...quaerunt de subiecto 10.30
—quaestio quid est debet terminari per viam divisivam 10.33
—una quaestio quaerit medium ad terminandum aliam quaestionem 10.34
—de immediato non fit quaestio 12.02
—non est aliqua quaestio quaerens si est medium 12.02
—quaestio quid est non est quaestio medii 12.03
—quaestio...non potest esse nisi tripliciter 12.04
—quaestio si est et quaestio quia est utraque quaerit utrum sit aliquod medium 12.07
—tam quaestio quid est quam quaestio propter quid est quaerit quid est nedium 12.07
—habito medio, cessat omnis quaestio 12.10
—quaestio quia est et quaestio si est quaerunt medium per quod istae quaestiones possunt terminari 12.11
—quaestio quid est et propter quid est non possunt per demonstrationem terminari 12.11
—quaestio quid est et quaestio propter quid est...quaerunt media ad terminandum alias quaestiones 12.11
—quaestio quid est est quaestio medii 12.14
—quid est est quaestio medii 12.14
—omnis quaestio quaerit medium per quod aliud debet demonstrari 12.15
—[in quaestione composita] de subiecto quaeritur aliquid quod accidit subiecto 10.22
—in quaestione simplici quaeritur de subiecto aliquid essentiale 10.22
—in omni quaestione medium supponitur 12.01
—non in omni quaestione supponitur medium esse 12.12
—responderi ad quaestionem factam per quid 1.18, 1.19, 2.25
—scire quaestionem exercitam 8.39
—nota quaerendi quaestionem 9.04
—nota terminandi quaestionem 9.04

—quale est et quantum est reducuntur ad **quaestionem** quia est 10.23
—in demonstrationibus non cadunt **quaestiones** 8.03
—quatuor sunt **quaestiones** 8.08
—**quaestiones** sunt contingentium 8.10
—**quaestiones** sunt singularium 8.11
—**quaestiones** sunt aequales numero his quae vere scimus 8.17
—[**quaestiones** pertinentes] ad demonstratorem 8.18, 8.33—8.35, 9.05
—in demonstrativis cadunt **quaestiones** 8.28
—quatuor **quaestiones** secundum genus 8.33, 9.01
—tot sunt **quaestiones**...quot sunt et vere scibilia 8.33
—[nec] de contingentibus nec de singularibus...[sunt] **quaestiones** pertinentes ad demonstratorem 8.35
—[**quaestiones**] quia et propter quid sunt de passione 9.01
—**quaestiones** [si est et quid est] sunt de subiecto 9.01
—omnes istae [quatuor] **quaestiones** quaeruntur de passione 9.03
—essent plures **quaestiones** quam quatuor 9.10
—quatuor **quaestiones** pertinentes ad demonstratorem 9.11
—**quaestiones** [quid est et si est sunt]...de passione 10.10
—quia est et...propter quid est dicuntur **quaestiones** compositae et ponentes in numerum 10.21
—quid est et...si est dicuntur **quaestiones** simplices et non ponentes in numerum 10.21
—reducuntur omnes **quaestiones**...ad **quaestionem** medii 12.08
—ad variationem complexionis, variatur forma **quaestionis** 10.21
—sufficientia istarum **quaestionum** diversimode accipitur 9.01
—accipitur haec distinctio **quaestionum** per simplex et compositum ex hoc quod quaeritur aliquid essentiale vel accidentale 10.24

QUANTITAS
—quantitas continua vel [...] discreta 7.39, 7.116
—ternarius...non esset haec species in genere **quantitatis** discretae 7.55

QUIA
—de dignitate debet praecognosci **quia** est 5.01
—de subiecto debet praecognosci quid est et **quia** est 5.01
—duae praecognitiones, scilicet quid est et **quia** est 5.01
—in scientia habita per doctrinam, quid est praecedit **quia** est 5.07
—in scientia inventa **quia** est praecedit quid est 5.07
—an [**quia** est] debeat praecognosci de passione 5.08
—**quia** est non est loquendo de esse existere 5.10

QUID
—consideratio in eo quod **quid** est generalior quam definire 2.24
—de passione debet praecognosci **quid** significatur per nomen 5.01
—de subiecto debet praecognosci **quid** est 5.01, 8.02, 8.23
—duae praecognitiones, scilicet **quid** et quia est 5.01
—duplex est quid, scilicet **quid** nominis et **quid** rei 5.02

—scire **quid** nominis etsi non...**quid** rei 5.03
—de subiecto debet cognosci **quid** signifacatur per nomen 5.04
—praecognitio...quid est, est **quid** nominis 5.04
—in scientia acquisita per inventionem oportet cognoscere **quid** nominis 5.05
—[an] de dignitate debeat praecognosci **quid** est 5.06
—complexum possit habere **quid** nominis...ratione suarum partium 5.06
—in scientia habita per doctrinam, **quid** est praecedit quia est 5.07
—in scientia inventa **quia** est praecedit quid est 5.07
—propter **quid**...est quaeribile,...non est vere scibile 8.01
—[**quid** est] posset per demonstrationem vere concludi 8.02
—**quid** et propter **quid** non possunt in tali demonstratione [propter **quid**] concludi 8.18
—**quid** rei est quaestio, sed **quid** nominis est praecognitio 8.24
—quod **quid** est duplex 8.24
—scire **quid** nominis est scire rem esse significabilem per vocem 8.25
—scire **quid** rei est habere notitiam de re secundum speciem specialissimam 8.25
—secundum ordinem: **quid** nominis, si est et **quid** rei 8.25
—**quid** nominis est praecognitio et non **quid** rei 8.26
—**quid** rei non est dubitabile de re 9.07
—**quid** rei est idem cum re cuius est **quid** 9.08
—quod **quid** est passionis [potest demonstrari] 10.16
—quod **quid** est subiecti non potest demonstrari de subiecto, sed quod **quid** est passionis 10.16
—**quid** passionis est dubitabile de subiecto 10.18
—quod **quid** est subiecti non quaeritur de subiecto, sed quod **quid** est passionis 10.19
—**quid** est praesupponit si est respectu eiusdem 10.28
—non est medium in demonstratione potissima de quo convenit quaerere propter quid 11.38

QUIDDITAS
—quidditas rei est multum difficilis ad cognoscendum 10.32
—quidditas substantiae [est magis ignota quam passio] 11.21, 11.36
—quidditas substantiae est simpliciter notior quam aliquod accidens 11.60

RATIO
—ratio realis extra animam 2.05
—ratio formalis 2.27—2.31, 2.41
—ratio realis non dependens ab anima 2.28
—ratio concomitans 2.29, 2.41
—ratio interior est per se causa [acquirendi scientiam] 3.26
—ratio generis 7.97, 7.98
—ratio differentiae 7.97, 7.98
—de illa consideratione sive de illa **ratione** reali 2.04

—res sub ista **ratione** formali...differt ab ista eadem re accepta sub illa **ratione** formali 2.27
—sub alia ratione formali 2.38, 2.39
—[fiat distinctio pro ente reali, ut distinguitur] contra **rationem** realem 2.28, 2.40
—una definitio solum differt ab alia per **rationem** formalem 2.28

RATIONALE
—**rationale** per se est substantia 7.28
—si **rationale** sit substantia simplex 7.29, 7.110
—**rationale** [non] est idem quod anima intellectiva 7.29, 7.30
—Rationale ergo et irrationale...sunt species 7.31
—**rationale** et irrationale haberent differentias 7.32
—**rationale** per se est sensibile 7.40, 7.117
—**rationale** significat idem quod homo, aut...partem illius 7.43
—**rationale** per se est aptum natum sentire 7.54
—'**rationale**' solum importat habens rationem 7.74
—**rationale**...esset species 7.92
—non...oportet concedere quod **rationale** et irrationale sunt species 7.108
—**rationale** est formale in homine, sed non est forma hominis 7.110
—**rationale** significat partem hominis 7.119
—essent eadem 'substantia **rationalis**' et 'substantia animata sensibilis **rationalis**' 7.42

REDUCTIO
—per **reductionem** 2.16, 2.17, 2.48
—aut per se aut per **reductionem** 2.17

RES
—aut [syllogismus demonstrativus componitur] ex vocibus, aut ex conceptibus aut ex **rebus** 2.18, 2.49
—ex parte **rei** 2.02, 2.03, 2.04, 2.05, 2.37
—imaginem **rei** 3.08, 3.40
—**res** extra 2.18, 2.52, 2.53
—**res** resolvitur in sua principia essentialia 5.02
—voces significant conceptus et conceptus significant **res** 5.05

SCIBILIS
—infinita sunt vere **scibilia** 8.08
—nihil est vere **scibile** nisi necessarium 8.10
—accipiendo...'vere **scibile**' pro omni eo quod aliquando est dubitatum et postea potest sciri 8.18
—omne vere **scibile** est quaeribile 8.18-8.19
—omne dubium quod per aliud potest cognosci [esse notum] est vere **scibile** 8.19, 8.20
—vere **scibile** est tale quod non est de se notum, sed quod potest esse notum per aliud 8.19

—est vere **scibile** quod potest esse aliquando dubium et aliquando manifestum 8.21
—per 'vere **scibile**' non intelligit solum conclusionem demonstrationis 8.21
—[propter quid homo est risibilis] non est vere **scibile** per causam 8.22
—tot sunt quaestiones...quot sunt vere **scibilia** 8.32
—quaestio...concepta est **scibilis** 8.35

SCIENTIA
—**scientia** prior non dependet a posteriori 1.07
—logica est una **scientia** distincta ab aliis **scientiis** 1.09, 1.26, 2.22
—modus sciendi differt a **scientia** 1.25
—de modo sciendi potest esse **scientia** 2.35
—[**scientia** acquiritur] ex praeexistenti cognitione 3.06, 3.18, 3.38
—**scientia** non est nisi de fixo et permanente 3.07
—**scientia** est necessaria homini 3.10
—**scientia** humana vel habetur per doctrinam vel per inventionem 3.12
—**Scientia** esset qualitas activa 3.17
—uno modo [**scientia**] inducitur a principio intra...et alio modo extra 3.25
—est duplex **scientia** 3.34
—de rebus sensibilibus...non est **scientia** 3.39
—**scientia** non est nisi de universalibus 3.39
—**scientia** non est qualitas activa 3.49
—**scientia** acquisita per inventionem 5.05
—**scientia** habita per doctrinam 5.07
—**scientia** inventa 5.07, 5.09
—in **scientia** subalternata sunt demonstrationes quae non faciunt scire 5.14
—**scientia** subalternans et **scientia** subalternata sunt habitus distincti 5.15
—in **scientia** subalternata sunt demonstrationes 5.16
—demonstratio [facta] in **scientia** subalternata facit scire 5.28, 5.29
—**scientia** habita per demonstrationem habere **scientiam** certiorem ea 5.30
—**scientia** est de conclusione demonstrationis et quaestio non 8.03
—**scientia** est effectus demonstrationis 8.03
—de simplicibus est **scientia** 8.07, 8.31
—de non ente non est **scientia** 8.09
—**scientia** non est nisi universalium 8.11
—**scientia** acquisita per inventionem 8.27
—De subiecto cuiuslibet **scientiae** debet praesupponi ipsum esse 3.00
—quid doctor exterior faciat in acquisitione **scientiae** 3.24
—ignorantia dispositionis actum **scientiae** perfectae privat 3.34
—Ignorantia negationis omnem actum **scientiae** privat 3.34
—de subiecto [**scientiae**] debet praesupponi quia est et quid est 9.03, 10.11
—subiectum **scientiae** se habet ad scientiam sicut obiectum potentiae...ad potentiam 10.11
—mere logicus potest habere **scientiam** demonstrativam 1.25, 2.34
—nullus potest acquirere **scientiam** non apprehendendo aliquid certum 3.01
—non habet certam **scientiam** de re qui non percipit essentiam rei 3.08
—nullus habet **scientiam** per inquisitionem 3.09

—homo per se ipsum non potest **scientiam** acquirere 3.13
—nullus potest acquirere **scientiam** ab alio de novo 3.15
—magister per suam **scientiam** generaret novam **scientiam** in anima discipuli 3.17
—qui negat **scientiam** eo ipso habet ponere **scientiam** 3.19
—homo aliquando acquirit **scientiam** per se ipsum et aliquando ab alio 3.23
—acquirens **scientiam** per se ipsum 3.25
—est naturale intellectui acquirere **scientiam** discurrendo 3.41
—potentias naturales per quas potest **scientiam** acquirere 3.42
—Modus...acquirendi **scientiam** 3.43
—ab alio non frustra quaerit **scientiam** 3.46
—inveniens **scientiam** per se ipsum 3.47
—scientias speciales 1.15
—anima...habet potentiam confusam ad omnes **scientias** 3.35

SCIO
—scimus dupliciter: vel testimonio alieno...vel testimonio proprio 5.28
—nos **scimus** aliquid perfecte cum **scimus** omnes causas ex quibus res est nata cognosci a nobis 6.11
—quaestiones sunt aequales numero his quae vere **scimus** 8.17
—scire et intelligere potest homo absque inquisitione 3.09
—patet quod contingit hominem **scire** 3.21
—quod contingit hominem de novo **scire** patet 3.22
—homo naturaliter desiderat **scire** omnem conclusionem demonstrationis 4.01
—scire et intelligere potest competere homini ex pure naturalibus 4.08
—scire et intelligere...egent speciali illustratione 4.09
—desiderat homo **scire** naturaliter...solum illam in quam potest ex pure naturalibus 4.10
—omnis syllogismus faciens **scire** est ex veris 5.17
—scire dicitur quatuor modis 5.25
—scire maxime proprie dictum includit quatuor conditiones 5.26
—demonstratio proprie dicta est syllogismus faciens **scire** 5.27
—ex definitione [scire] 5.27, 8.10, 8.19
—opinamur **scire** unumquodque cum causas primas cognoscimus 6.01
—scire multipliciter dicitur 8.18
—scire quaestionem exercitam 8.39
—potest quaeri...quod tamen non potest proprissime **sciri** 8.18
—quaestio exercita non potest **sciri** 8.38

SE
—hoc relativus 'se' 7.42
—ex relatione huius relativi '**se**' 7.87
—li '**se**' refert subiectum pro supposito 7.88
—li '**se**' refert genus 7.89
—li '**se**' refert istam 7.90
—li '**se**'...non tenetur relative 7.91

SENSUS
—in **sensu** composito 'animal per se est rationale' 7.53
—**sensui** particulari semper est credendum 3.30
—**sensui** non est aliqua cognitio supernaturalis necessaria...ergo nec intellectui 4.03
—**sensum** dimittentes et eius iudicium 3.29
—homo tamen per **sensum** multotiens decipitur 3.32
—'animal' importat habens **sensum** 7.74
—**sensus** nihil certum apprehendit 3.01
—**sensus** bene dispositus apprehendit rem sicut vere est 3.02
—**sensus** eorum non sunt aequaliter dispositi 3.02
—[**sensus** visus] qui est **sensus** certissimus 3.03
—intellectus est virtus perfectior quam **sensus** 3.11
—dubium est quando est credendum iudicio **sensus** 3.29
—Non enim **sensus** aequaliter sunt bene dispositi in omnibus 3.30
—quando **sensus** est deceptus et quando non, habet intellectus iudicare 3.30
—habilitatio **sensus** circa sensibilia 3.31
—**sensus** non decipitur circa proprium sensibile 3.32
—actio **sensus** quae est sine discursu est propter imperfectionem 3.43
—via **sensus** et experientiae [ad probationem principiorum scientiae subalternatae] 5.29

SI EST
—scire de re **si est** est habere notitiam de re secundum genus 8.25

SIGNIFICO
—genus **significat** unam rem per modum determinabilis et differentia per modum determinantis 7.20
—hoc nomen 'rationale' **significat** habens rationalitatem 7.42
—pronomen demonstrativum idem **significat** et demonstrat 7.84
—**significant** idem, si demonstretur idem 7.84
—propositiones non **significant** nisi quia termini **significant** 11.03
—utrum id quod **significatur** per animal vel per corpus sit res divisibilis vel indivisibilis 7.38
—quid **significetur** nomine generis et quid nomine differentiae 7.64

SIGNIFICATUS
—illa res **significata** per ens sit prima causa vel causatum 7.27
—de **significato** huius nominis 'substantia': utrum illa res sit corporea vel non sit corporea 7.26
—[habens rationem] est totaliter accidens **significato** animalis 7.66
—aliud est **significatum** formale definitionis et definiti; idem tamen materialiter 2.39
—referre nomen in **significatum** 5.02
—**significatum** vocabuli non potest probari 5.27
—utrum [**significatum** generis]...sit res divisibilis vel indivisibilis 7.38
—an illud **significatum** [animalis] sit divisibile aut indivisible 7.114

—aliquis modus est [non est] intra **significatum** definitionis qui non est intra definitum 11.04

SIGNUM
—doctor non aliter docet nisi proponendo **signa** conceptuum ordinatorum 3.25
—fit notum quod talia sunt **signa** talium 3.48
—notioritas non debet attendi penes voces significantes vel penes alia **signa** 11.53
—ex **signis** necessariis 2.50
—syllogismus demonstrativus potest accipi pro signato vel pro **signo** 2.49
—tota notioritas est ex parte **signorum** et non ex parte rei significatae 11.52
—nullus potest cognoscere quod aliquid sit **signum** alicuius rei nisi cognoscat illam rem 3.16
—ordinatio exterior vocum non est nisi **signum** directivum rationis in suos conceptus 3.26
—in demonstratione quae non est **signum** 11.50
—[demonstratio] quae est **signum** 11.51, 11.52

SPECIES
—identitas generis et etiam **speciei** est duplex 7.132
—est **species** disparata...aut est species ordinata 2.14
—eadem ratione qua una **species** habet passionem, et alia habebit 2.15
—**species** enim lapidis est id quo lapis mente cognoscitur 3.40
—per se conveniunt in aliquo et inter se differunt, ergo sunt **species** 7.31
—[species specialissima] 7.92, 8.25
—**species** constitutitur...ex partibus quidditativis...ex partibus naturalibus 7.111
—**species** animalis non est animal 7.116
—ultima differentia non significat idem quod **species** 7.127
—**species** ergo est definitio speciei 11.08

SUBIECTUM
—de nullo per se praedicatur passio **subiecti** 7.83
—definitio [quae est medium] est definitio **subiecti** 10.15
—definitio **subiecti** non est causa passionis 11.02
—immediatione **subiecti** 11.45
—[passio quae] non egreditur a propriis principiis **subiecti** 11.55
—concluditur passio de suo proprio **subiecto** 2.12
—De **subiecto** cuiuslibet scientiae debet praesupponi ipsum esse 3.00
—de **subiecto** debet praecognosci quid est et quia est 5.01
—de **subiecto** debet cognosci quid significatur per nomen 5.04
—praecognoscere passionem **subiecto** inesse 5.08, 5.09
—esse praecognitum de **subiecto**...[est] esse scibile 5.10
—quaestiones [si est et quid est] sunt de **subiecto** 9.01
—de **subiecto**...contingit quaerere dupliciter 9.02
—de **subiecto** non fit [debet esse] quaestio 9.03, 10.12
—de **subiecto** [scientiae] debet praesupponi quid est et quia est 9.03, 10.11
—de **subiecto** debet praesupponi si est 10.07
—passio quae non habet causam in **subiecto** 11.13

—nullum subiectum habet passionem 2.12
—passio et subiectum sunt alterius generis 2.12, 2.13
—potest subiectum et passio esse in eodem genere 2.13
—tertia praecognita, scilicet subiectum, passio et dignitas 5.01
—subiectum potest derelinquere suam propriam passionem 5.20
—subiectum se habet respectu suae passionis in ratione causae materialis 5.20
—subiectum respectu suae passionis habet rationem causae efficientis 5.21
—subiectum...non magis determinatur ad unam passionem quam ad aliam 5.22
—subiectum...ratione formae efficit suam passionem 5.22
—subiectum ratione materiae recipit suam passionem 5.22
—subiectum...determinat sibi talem passionem 5.33
—subiectum...est causa efficiens esse [passionis] 5.33
—subiectum determinat sibi...talem passionem...in infinitum 5.34
—subiectum est in actu et in potentia respectu suae propriae passionis 5.36

SUBSTANTIA
—substantia est duplex 7.29
—substantia determinata 7.45
—'substantia' hic non contrahatur, sed sit indifferens 7.47
—substantia simplex 7.98
—'substantia' in proposito non contrahitur ad hominem 7.121
—de substantiis...simplicibus, ut de intelligentiis, potest fieri quaestio 8.32

SUPERFLUITAS
—pluralitas sine necessitate, et per consequens superfluitas 7.46

SUPPONO
—supponit personaliter 7.78, 7.88
—supponit simpliciter 7.88
—pars extremi non supponit pro aliquo in illo extremo cuius est pars 7.122
—rationale supponat personaliter 7.87

SUPPOSITIO
—suppositionem personalem 7.78, 8.40
—suppositionem ⟨materialem⟩ 8.40

SUPPOSITUM
—species specialissimae habent omnia supposita diversa 7.92
—termino stante pro suppositis 7.48
—sumendo subiectum pro suppositis 7.117
—species [numeri] dicuntur habere proportionem ad invicem...pro suppositis 7.126
—referret hominem pro supposito 7.87
—refert subiectum pro supposito 7.88
—referat animal in communi et non referat aliquod suppositum animalis 7.52
—suppositum [...] ternarii excedit suppositum binarii 7.57, 7.126
—duplex suppositum...suppositum formale et suppositum materiale 7.79

SYLLOGISMUS
— in syllogismo demonstrativo...praemissae sunt notiores conclusione 2.01
— logicus utitur...syllogismo demonstrativo 2.32
— in syllogismo ad impossibile est triplex discursus 5.18
— syllogismus non est ex immediatis 2.08
— aut [syllogismus demonstrativus componitur] ex vocibus, aut ex conceptibus, aut ex rebus 2.18, 2.49
— syllogismus demonstrativus esset ens extra animan 2.19
— syllogismus demonstrativus est quando concluditur propria passio de [proprio] subiecto 2.21, 2.36
— demonstratio est syllogismus faciens scire 2.36
— syllogismus demonstrativus potest accipi pro signato vel pro signo 2.49
— syllogismus demonstrativus nec habet esse in anima subiective nec esse extra animam subiective 2.53
— syllogismus nec est ens per se nec ens per accidens, sed continetur...sub ente vero 2.53
— omnis syllogismus faciens scire est ex veris 5.17
— demonstratio proprie dicta est syllogismus faciens scire 5.27
— eandem conclusionem per syllogismus denonstrativum...et per syllogismum dialecticum 5.30
— [syllogismus demonstrativus] qui inducit scientiam 5.30
— [syllogismus dialecticus] qui inducit opinionem 5.30
— syllogismus ad impossibile non est demonstratio nisi secundum quid 5.31

TERMINUS
— termini...singulares 2.33
— termini...communissimi 4.04
— [termini] significant idem si demonstretur idem 7.84
— in terminis specialibus 1.24, 2.32
— terminis [...] communibus 1.24, 2.32, 2.33
— sub termino stante pro suppositis...contingit descendere disiunctive 7.48
— iste terminus 'substantia' hic contraheretur 7.45
— non contrahitur iste terminus 'substantia' 7.47
— [iste terminus] 'substantia' indifferenter staret pro qualibet substantia 7.48
— terminus concretus 7.78
— terminus supponens personaliter 7.78

TOTUM
— hoc totum 'substantia rationalis' non per se includit animal 7.45

UNITAS
— unitas quae est pars ternarii in communi est pars binarii in communi 7.56
— ternarius excedit binarium in unitate 7.57
— haec species ternarius non excedit speciem binarii in aliqua unitate 7.126

—non componatur ex **unitatibus** determinatis 7.57
—componatur ex **unitatibus** imparibus 7.58

UNIVERSALE
—quarto modo...est **universale** idem quod primum 7.14
—**universale** quadrupliciter potest sumi 7.14
—**universale**...est una conditio propositionis 7.15
—qualiter circa **universale** contingit errare 7.18
—unum **universale** esset maius alio et aliud minus 7.38
—nullum **universale** est divisibile in partes quantitativas 7.114

UNIVERSALITAS
—**universalitas** [in propositionibus demonstrativis] 7.91

VOX
—**vocem** prolatam 5.05
—non essent diversae definitiones nisi secundum **vocem** 11.12
—**voces** significant conceptus et conceptus significant res 5.05
—aut [syllogimus demonstrativus componitur] ex **vocibus**, aut ex conceptibus, aut ex rebus 2.18, 2.49
—ex parte **vocis** 2.02, 2.37
—notior...non ratione **vocis** 11.08
—ordinatio exterior **vocum** non est nisi signum directivum rationis in suos conceptus 3.26
—una **vox** non est notior alia 2.02

Index Fontium

Italics indicate editorial citations.

Aegidius Romanus, *In libros Posteriorum* 11.36
Albertus Magnus, *De praedicabilibus* *1.09*, *1.24*, *1.25*, *1.26*
Algazel, *Metaphysica* 7.25, 7.27, 7.107
Alii 3.29
Aliqui 6.14, 10.22
Aquinas, Thomas (Expositor), *Expositio Libri Posteriorum* 2.09, 2.37, 5.20, 7.07, 7.08, 7.09, 7.10, 7.18, 10.21, 11.42
——, *In XII Libros Metaphysicorum Aristotelis Expositio* 1.25, 2.26, 2.42
——, *Summa Theologiae* 10.11
Aristotle, *Analytica Posteriora* 1.00, *1.03*, *1.16*, 1.18, 2.01, 2.08, 2.09, 2.12, 2.18, 2.20, 2.21, 2.36, 2.37, 3.18, 3.34, *3.36*, 4.04, 5.01, 5.04, 5.08, 5.11, 5.13, 5.17, 5.20, 5.23, 5.27, 6.07, 7.01-7.04, 7.06, 7.13, 7.14, 7.18, 7.91, 8.00, 8.06, 8.09, 8.10, 8.17, 8.19, 8.21, 8.25, 8.26, 9.01, 9.04-9.06, 9.09, 9.11, 10.07, 10.09, 10.12, 11.02, 11.17, *11.21*, 11.22, 11.24, 11.27, 11.29, 11.32, 11.34, 11.35, 11.39-11.41, 11.56, 12.04, 12.05, 12.07, 12.09, 12.10
——, *Analytica Priora* 4.04, 5.18, 7.02, 8.03
——, *De anima* 3.04, 3.08, *3.09*, 3.10, 3.32, 3.35, 4.03, 4.06, 4.07, 6.08
——, *De caelo* 4.03
——, *Categoriae* 8.42
——, *Ethica Nicomachea* 3.10, *4.08*
——, *De Interpretatione* 5.05, 7.12, 10.21

——, *Metaphysica* 1.08, 1.13, 1.14, 1.15, *1.16*, 1.23, 2.31, *2.53*, 3.01, 3.14, 3.19, 3.20, 3.21, *3.36*, 4.01, 5.08, 5.36, 6.02, 7.14, 7.22, 7.39, 7.44, 7.60, 7.61, 7.71, 7.77, 7.100, 8.07, 8.11, *8.32*, 9.08, 10.32, 11.30, 11.39, 11.60
——, *Physica* 3.12, 3.25, 3.29, 6.01, 11.40
——, *Topica* 11.18
Averroes, *Commentarium Magnum in Aristotelis De Anima Libros* 11.01
——, *In Libri XIIII Aristotelis Metaphysicorum* 1.25, 2.42, 3.04, 3.05, 3.19, 3.36, 3.37, 7.05
Avicenna, *Liber de Philosophia Prima (Metaphysica)* 5.33, 6.09, 7.25, 7.65, 7.66, 7.69, 7.70, 7.73, 7.74, 7.87, 7.88, 7.98, 10.04
——, *Logica* 7.65, 7.87

Boethius, *Arithmetica* 3.07
Bonaventure, *De scientia Christi* 4.09

Cicero, *Academica* 3.21

Grosseteste, Robert (Lincolniensis), *Commentarius In Posteriorum Analyticorum Libros* 3.00, 3.27, 3.35, 5.25, 7.03, 7.04, 7.06, 7.94

Henry of Ghent, *Summa Quaestionum Ordinariorum* 3.01, 3.04, *3.07-3.12*, *3.13*, 3.14, 3.16, 3.17, 3.19, 3.20, 3.23, 3.25, 3.26, 3.28-3.31, 3.34, 3.35, 3.39-3.43, 3.45-3.49, *4.00*, 4.01, 4.08, 4.09, *4.10*, *4.11*, *4.13*

Novus Expositor 5.29

Plato, *Meno* 3.26
——, *Theaetetus* 5.08

Quidam 3.35, 5.29, 7.79

Richard of Campsall, *Questiones super Librum Priorum Analeticorum* 7.79

Scotus, John Duns, *Lectura In Librum Primum Sententiarum* 4.02- 4.04, 4.06, 4.08, 4.13

——, *Super Universalia Porphyrii* 1.09, 1.24-1.26

Ps.-Scotus, *Quaestiones in Libros Posteriorum Analyticorum* 2.12, 2.15, 5.02, 5.06, 5.08, 5.10, 5.12, 5.17, 5.20, 5.26, 7.05, 7.11, 7.18, 7.19, 7.28, 7.40, 7.62, 7.92, 8.00, 9.05, 10.00, 11.00, 12.00

Themistius, *Analyticorum Posteriorum Paraphrasis* 5.02, 5.26

Zeno 3.29